Alles was ich wissen will

Das Weltall

Die Deutsche Bibliothek – CIP-Einheitsaufnahme
Bibliografische Information Der Deutschen Bibliothek

Die Deutsche Bibliothek verzeichnet diese Publikation
in der Deutschen Nationalbibliografie;
detaillierte bibliografische Daten sind im Internet über
http://dnb.ddb.de abrufbar.

1 2 3 08 07 06

Text: David H. Levy
Grafik: Gregory Bridges, Lynette R. Cook,
Christer Eriksson, Robert Hynes, Mike Lamble,
James McKinnon, Peter Mennim,
Darren Pattenden/Garden Studio,
Oliver Rennert, Trevor Ruth, Ray Sim,
Kevin Stead, Steve Trevaskis, Rod Westblade,
Simon Williams/Garden Studio

Lizenzausgabe für den Ravensburger Buchverlag
Otto Maier GmbH

Übersetzung aus dem Englischen:
Hans Peter Thiel/Marcus Würmli
Redaktion: Maike Dreyer
Umschlaggestaltung: Dirk Lieb
Printed in Germany
ISBN-13: 978-3-473-55128-6
ISBN-10: 3-473-55128-7

www.ravensburger.de

Alles was ich wissen will

Das Weltall

Ravensburger Buchverlag

Inhalt

• EINFÜHRUNG •

• UNSER SONNENSYSTEM •

• IM UNIVERSUM •

• ERFORSCHUNG DES WELTALLS •

Frühe Astronomen

Lange Zeit glaubten die Menschen, die Erde sei flach wie eine Scheibe und im Himmel würden die Götter wohnen. Mythen und Legenden erzählten vom Kommen und Gehen der Jahreszeiten und dem Wechsel von Tag und Nacht. Auch das plötzliche Auftreten von Kometen fand in diesen Geschichten ihre Deutung. Die Maya, die alten Chinesen, die Babylonier und die Ägypter berichteten als Erste von Bewegungen der Himmelskörper. Die Griechen schließlich erkannten, dass die Erde rund war. Der Astronom Ptolemäus glaubte, die Erde sei der Mittelpunkt des Weltalls und der Mond, die Sonne sowie alle Planeten und Sterne würden sich um die Erde drehen. Fast 1500 Jahre lang hatte dieses ptolemäische Weltsystem Bestand. Doch 1543 behauptete der polnische Geistliche Nikolaus Kopernikus, die Erde würde sich um die Sonne drehen. Diese Ansicht, die bald auch andere Gelehrte wie der Deutsche Johannes Kepler übernahmen, stieß auf erbitterten Widerstand der katholischen Kirche. Hundert Jahre mussten vergehen, bis sich das Weltbild des Kopernikus durchsetzte.

Das Weltbild des Ptolemäus
Der Grieche Ptolemäus machte bei seinem Weltsystem den Fehler, die Erde ins Zentrum zu setzen. Dennoch war er als Wissenschaftler wegweisend. Er bestimmte als Erster die Lage von Orten auf der Erdkugel durch Längen- und Breitenkreise.

Einer der ersten Astronomen
Nikolaus Kopernikus veröffentliche 1543 seine Vorstellungen vom Bau des Weltalls. Zum Durchbruch seiner Ideen verhalf vor allem Johannes Kepler. Er entdeckte um 1600, dass sich die Planeten nicht auf Kreisbahnen, sondern auf Ellipsen um die Sonne bewegen.

Sterndeuter
Schon in der Antike war die Beobachtung der Sonne, des Mondes und aller übrigen Himmelskörper eine beliebte Beschäftigung. Die Forscher wollten die Zusammenhänge zwischen diesen Himmelskörpern und der Erde verstehen. Oft ging es ihnen auch darum, wichtige Ereignisse mit Hilfe der Gestirne vorauszusagen. Die Sternguckerei war damals noch eng mit der Wahrsagekunst verbunden.

SCHON GEWUSST?

Vor über 4000 Jahren wurden diese Steinblöcke von Stonehenge in Südengland zu einem Kreis angeordnet. Möglicherweise war die Anlage ein Observatorium zur Festlegung bestimmter Tage nach dem Stand der Sonne oder anderer Gestirne.

Himmelsbeobachtung
Der Däne Tycho Brahe war ein berühmter Astronom des 16. Jahrhunderts. Im Jahr 1572 sah er im Sternbild *Kassiopeia* einen Stern, der tagsüber so hell leuchtete wie die Venus. Es handelte sich dabei um eine Supernova. Fast 400 Jahre lang blieb sie die einzige, die beobachtet werden konnte.

KALENDER

Die alten Ägypter und die Babylonier stellten die ersten Kalender auf. Als Grundlage dienten ihnen der Aufgang und der Untergang bestimmter Sterne während des Jahres. Die alten Ägypter nahmen als Fixpunkt für ihren Kalender den hellen Hundsstern, den *Sirius*. Dieser ist nur einige wenige Tage im Jahr am östlichen Himmel – kurz vor Sonnenaufgang – zu sehen. Kurz danach setzte die Nilflut ein. Links ist ein englischer Kalender aus dem 15. Jahrhundert, rechts ein dänischer aus dem 16. Jahrhundert abgebildet.

Tiger

Hund

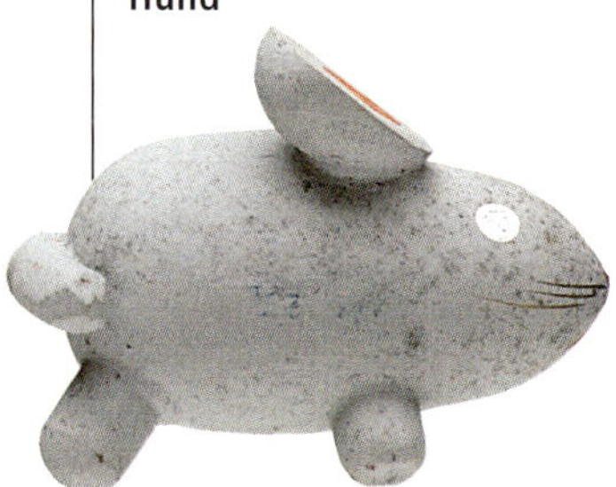

Ratte

Pferd

Büffel

Hahn

Asiatische Tierkreiszeichen
Die Chinesen haben völlig andere Bezeichnungen für die Sternbilder als wir. Die Astronomen teilen den ganzen Himmel in 88 Sternbilder ein.

Zeichen am Himmel
Die frühen Himmelsbeobachter glaubten, am Sternhimmel Figuren zu erkennen. Von links nach rechts sind die Sternbilder Löwe, Krebs, Zwillinge und Stier abgebildet.

Astronomie und Astrologie

Die ersten Sterngucker zeichneten die Bewegungen der Planeten auf und stellten Kalender zusammen. Der Nachthimmel erschien ihnen als magischer Raum, in dem unerklärliche Kräfte walteten. Was sie sahen, brachten sie mit Himmelsgöttern in Verbindung. Die ihnen vertrauten Sternbilder benannten sie nach mythischen Gestalten und nach Tieren. Zwölf dieser Sternbilder liegen nahe der Ekliptik, jener Bahn, welche die Sonne jedes Jahr am Himmel zurücklegt. Diese Sternbilder bilden den Tierkreis. Die Astrologen sind davon überzeugt, dass vor allem die Planeten einen großen Einfluss auf die Menschen, ihr Schicksal und ihre Zukunft ausüben. Von besonderer Bedeutung soll dabei die Lage der Planeten zueinander sein. An die Astrologie kann glauben, wer will – mit Astronomie hat das nichts zu tun. Die Astronomie oder Himmelskunde ist die Wissenschaft von den Himmelskörpern und vom gesamten Weltall.

Der Tierkreis im Westen
Nur sieben der zwölf Tierkreiszeichen sind auch wirklich nach Tieren benannt.

DIE STERNE UM RAT GEFRAGT

Früher spielten die Astrologen eine wichtige Rolle. Fast alle Menschen waren der Meinung, die Stellung der Gestirne beeinflusse ihr Leben und gewisse Tage seien für Unternehmungen besser geeignet als andere. Auf diesem Bild befragt der Feldherr Wallenstein seinen Sterndeuter Seni. Noch heute glauben viele an die Macht der Sterne und lesen täglich ihr Horoskop.

Zum Weiterlesen 50–51

Das Weltall

Die Erde und die übrigen Planeten, alle Sterne, die Galaxien und der Raum um sie herum bilden das Universum oder Weltall. Nach Erkenntnissen der Astronomen war vor rund 15 Milliarden Jahren die gesamte Materie und Energie an einem einzigen Punkt konzentriert. Dann kam es zu einer unvorstellbaren Explosion, dem „Big Bang“ oder Urknall. Innerhalb von wenigen Minuten entstanden so Raum und Zeit und die wichtigsten Stoffe des Weltalls, vor allem die Kerne von Wasserstoff und Helium. Nach ungefähr 500 000 Jahren bildeten diese Gase riesige Körper, die Galaxien. Heute noch dehnt sich das Weltall infolge des Urknalls aus: Ganze Galaxien oder Galaxienhaufen entfernen sich mit ungeheurer Geschwindigkeit voneinander. Noch vor wenigen Jahren glaubten die Forscher an die Theorie vom „Big Crunch“, die besagt, dass sich die Ausdehnung aufgrund der Schwerkraft irgendwann einmal verlangsamt, dann zum Stillstand kommt und das Weltall schließlich wieder zusammenfällt. Neueste Forschungen der Astrophysiker ergaben, dass sich das Universum wahrscheinlich in alle Ewigkeit ausdehnen wird und die Materie sich dabei verdünnen und abkühlen wird.

SCHON GEWUSST?

Die Astronomen verwenden als Maß für die riesigen Entfernungen des Weltalls das Lichtjahr. Es ist die Entfernung, die das Licht in einem Jahr zurücklegt. Für 300 000 km braucht das Licht eine Sekunde. Der Andromedanebel, die nächste Galaxie, ist 2 Millionen Lichtjahre entfernt. In Kilometern ergibt dies die unvorstellbare Zahl von 19 000 000 000 000 000 000.

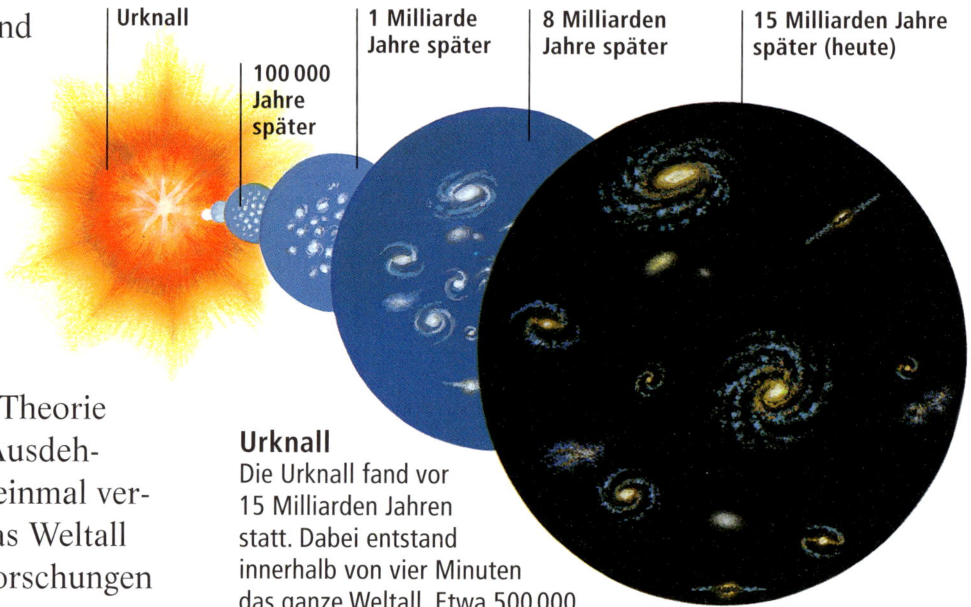

Urknall
Die Urknall fand vor 15 Milliarden Jahren statt. Dabei entstand innerhalb von vier Minuten das ganze Weltall. Etwa 500 000 Jahre nach dem Urknall bildeten sich die Galaxien aus Wasserstoff. Schwerere Elemente wie Kohlenstoff, die Grundlage des Lebens, entstanden später, als einzelne Sterne in den Galaxien explodierten.

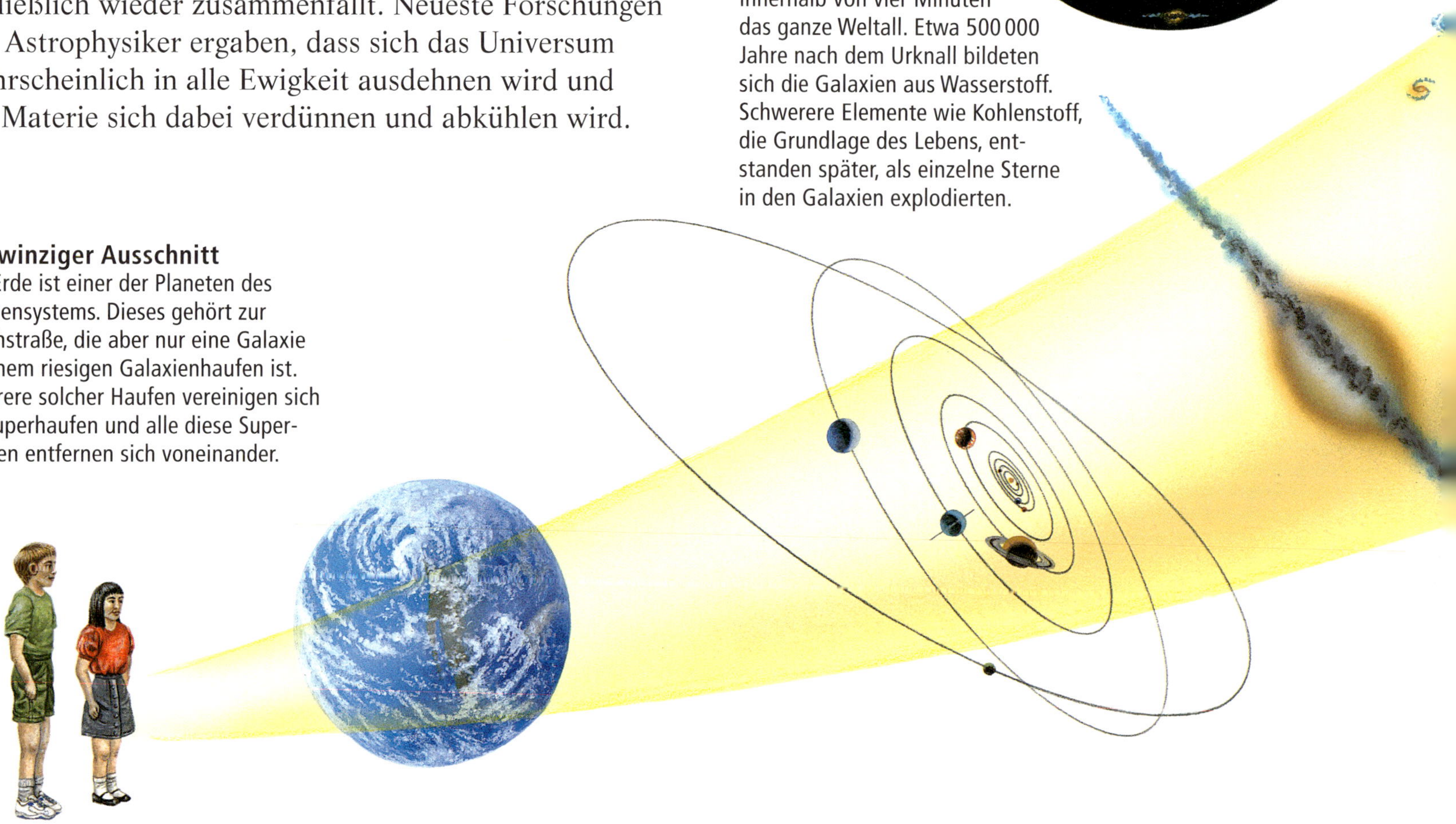

Ein winziger Ausschnitt
Die Erde ist einer der Planeten des Sonnensystems. Dieses gehört zur Milchstraße, die aber nur eine Galaxie in einem riesigen Galaxienhaufen ist. Mehrere solcher Haufen vereinigen sich zu Superhaufen und alle diese Superhaufen entfernen sich voneinander.

Nachthimmel
Der Sternhimmel, den wir in klaren Nächten beobachten können, ist nur ein winziger Teil des Weltalls. Das All ist unvorstellbar groß, aber wahrscheinlich nicht unendlich.

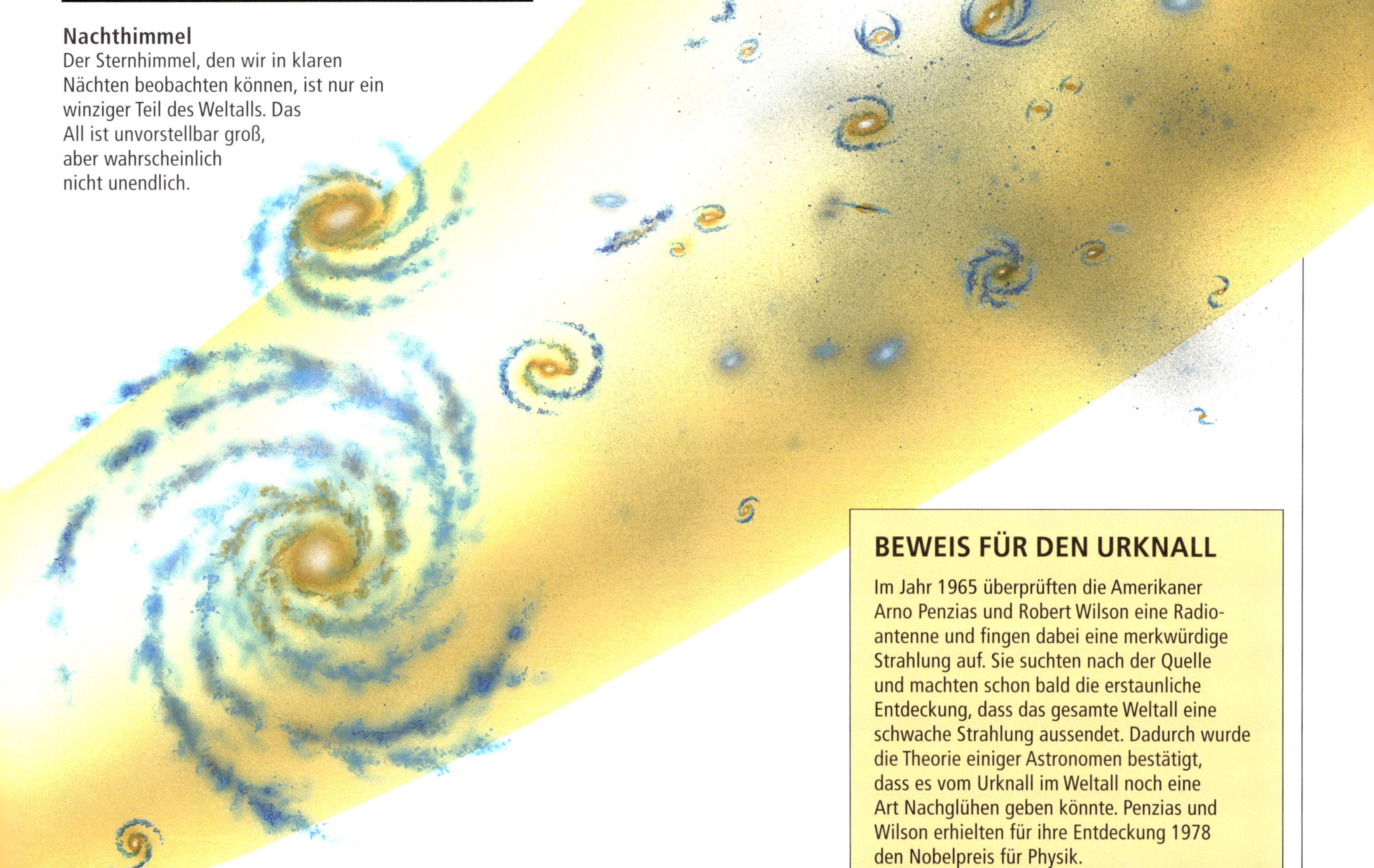

BEWEIS FÜR DEN URKNALL

Im Jahr 1965 überprüften die Amerikaner Arno Penzias und Robert Wilson eine Radioantenne und fingen dabei eine merkwürdige Strahlung auf. Sie suchten nach der Quelle und machten schon bald die erstaunliche Entdeckung, dass das gesamte Weltall eine schwache Strahlung aussendet. Dadurch wurde die Theorie einiger Astronomen bestätigt, dass es vom Urknall im Weltall noch eine Art Nachglühen geben könnte. Penzias und Wilson erhielten für ihre Entdeckung 1978 den Nobelpreis für Physik.

Blick in die Vergangenheit des Weltalls
Heute gibt es für die Erforschung des Weltraums eine Vielzahl von Instrumenten, beispielsweise die verschiedenen Teleskope der Sternwarten. Durch ein Teleskop kann man Millionen von Lichtjahren entfernte Galaxien sehen. Allerdings sieht man sie nicht so, wie sie heute sind, sondern wie sie vor Millionen Jahren ausgesehen haben, als sie das Licht aussandten, das nun zu uns dringt. Außerdem schicken Forscher Raumsonden zu den Planeten des Sonnensystems und lassen Satelliten hoch über der Erde Informationen über das All sammeln.

Zum Weiterlesen 46–47

EIN EWIGER UMLAUF

Die sonnennächsten Planeten bewegen sich schneller um das Zentralgestirn als die fernen Planeten. Die Erde braucht für einen Umlauf ein Jahr. Gleichzeitig dreht sie sich wie alle anderen Planeten um die eigene Achse (Rotation). Eine solche Umdrehung dauert bei der Erde 24 Stunden. In der Tabelle sind die entsprechenden Zeiten der anderen Planeten in Stunden, Erdentagen oder -jahren angegeben.

Merkur	**Venus**	**Erde**	**Mars**	**Jupiter**
Umlaufzeit: 88 Tage	Umlaufzeit: 225 Tage	Umlaufzeit: 365,25 Tage	Umlaufzeit: 1,9 Jahre	Umlaufzeit: 11,9 Jahre
Rotation: 59 Tage	Rotation: 234 Tage	Rotation: 24 Stunden	Rotation: 24,6 Stunden	Rotation: 9,8 Stunden

SCHON GEWUSST?

Der Pluto braucht 248 Erdenjahre für einen Umlauf um die Sonne. Die meiste Zeit ist er am weitesten von der Sonne entfernt. Seine Umlaufbahn ist allerdings stark elliptisch. Deswegen steht er 20 Jahre lang der Sonne näher als sein Nachbarplanet Neptun.

Planeten-bahnen

Unser Leben spielt sich nur auf einem kleinen Planeten in einem winzigen Ausschnitt des schier unendlichen Weltalls ab. Im Mittelpunkt dieses Sonnensystems steht ein einzelner heller Stern, die Sonne. Um dieses Zentralgestirn kreisen neben der Erde auch die Planeten Merkur, Venus, Mars, Jupiter, Saturn, Uranus, Neptun und Pluto. Das gesamte Sonnensystem ist vor etwa fünf Milliarden Jahren entstanden – möglicherweise weil ein benachbarter Stern explodierte, was zur Verdichtung einer großen Staub- und Gaswolke führte. Der heiße innere Teil dieser Wolke wurde zur Sonne. Um sie herum entstanden als kleinere Himmelskörper die Planeten. Weitere Bruchstücke bildeten die Kometen und die Asteroiden, die ebenfalls alle um die Sonne kreisen. Zu Beginn enthielt das Sonnensystem außer heißen Gaswolken auch noch sehr viele harte Bruchstücke. Diese bombardierten die Planeten und ihre Monde und hinterließen Krater, die heute noch zu sehen sind.

Die Bahnen der Planeten
Die Sonne hat eine sehr große Masse. Mit ihrer Schwerkraft zieht sie die Planeten an, die eine große Bewegungsenergie besitzen. Im Schwerefeld der Sonne bewegen sie sich auf elliptischen Bahnen. Ohne die Anziehungskraft der Sonne würden sie geradlinig ins Weltall hinausschießen.

Saturn
Umlaufzeit: 29,5 Jahre
Rotation: 10,2 Stunden

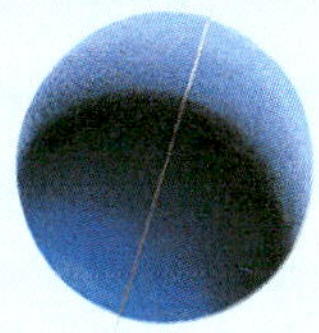

Uranus
Umlaufzeit: 84 Jahre
Rotation: 17,9 Stunden

Neptun
Umlaufzeit: 165 Jahre
Rotation: 19,2 Stunden

Pluto
Umlaufzeit: 248 Jahre
Rotation: 6,4 Tage

Sonne

SCHON GEWUSST?

Die Korona ist ungefähr 2 Millionen °C heiß. Die Gase sind aber sehr dünn und ihre einzelnen Teilchen liegen weit auseinander. Deshalb würde man keine Hitze verspüren, wenn man die Hand in die Korona halten könnte.

Die alten Ägypter verehrten als mächtigste aller Gottheiten die Sonne. Sie ist aber keineswegs der größte Stern unserer Galaxie. Da sie nur 150 Millionen Kilometer von der Erde entfernt steht, erscheint sie uns größer, als sie wirklich ist. Der Feuerball aus Gasen versorgt uns mit Wärme und Licht und sichert so das Leben auf der Erde. Die Sonne besteht zur Hauptsache aus Wasserstoff. Ihre Energie gewinnt sie durch eine Kernfusion, bei der Wasserstoffkerne zur Heliumkernen verschmelzen. Diese Reaktion findet im Inneren der Sonne bei rund 15 Millionen °C statt. Dabei werden gewaltige Energiemengen frei, die als Licht abgestrahlt werden. Rund acht Minuten braucht das Licht, um von der Sonne auf die Erde zu gelangen. Das Licht vom zweithellsten Stern in unserem Sonnensystem, dem *Sirius*, ist acht Jahre zu uns unterwegs. Die Sonne scheint schon seit rund fünf Milliarden Jahren und sie wird noch einmal so lang ihr Licht aussenden. Dann wird sie sich allerdings zu einem roten Riesen aufblähen und schließlich zu einem weißen Zwerg schrumpfen.

Glutwolken
Von der Sonnenoberfläche steigen ständig glühende Gaswolken, die Protuberanzen, auf. Man sieht das gut während einer totalen Sonnenfinsternis, wenn der Mond das helle Licht der Fotosphäre abschirmt.

Im Inneren der Sonne
Im Zentrum der Sonne wird sehr viel Energie frei. Sie wandert langsam bis zur Sonnenoberfläche in die Strahlungs- und Konvektionszone. Die Fotosphäre scheint durch die dünne Chromosphäre und die äußere Atmosphäre, die Korona, hindurch.

Oberfläche der Sonne
Das Bild zeigt die optische Oberfläche der Sonne, die Fotosphäre. Sie enthält zahlreiche kühlere und damit dunklere Sonnenflecken.

Energieausbruch
Nahe den Sonnenflecken kommt es zu gewaltigen Eruptionen, den so genannten „Flares". Dabei gelangen große Energiemengen ins All.

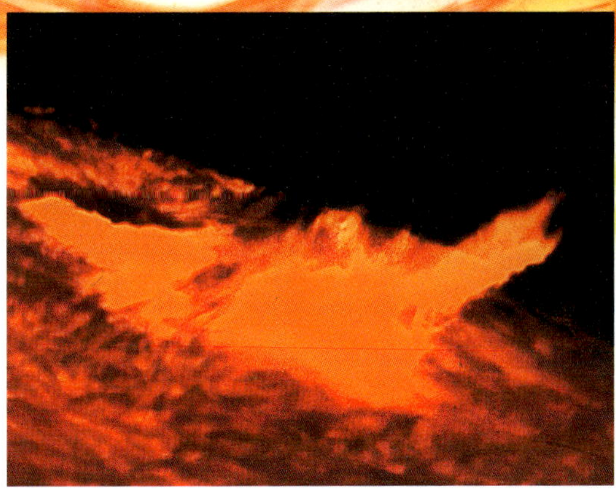

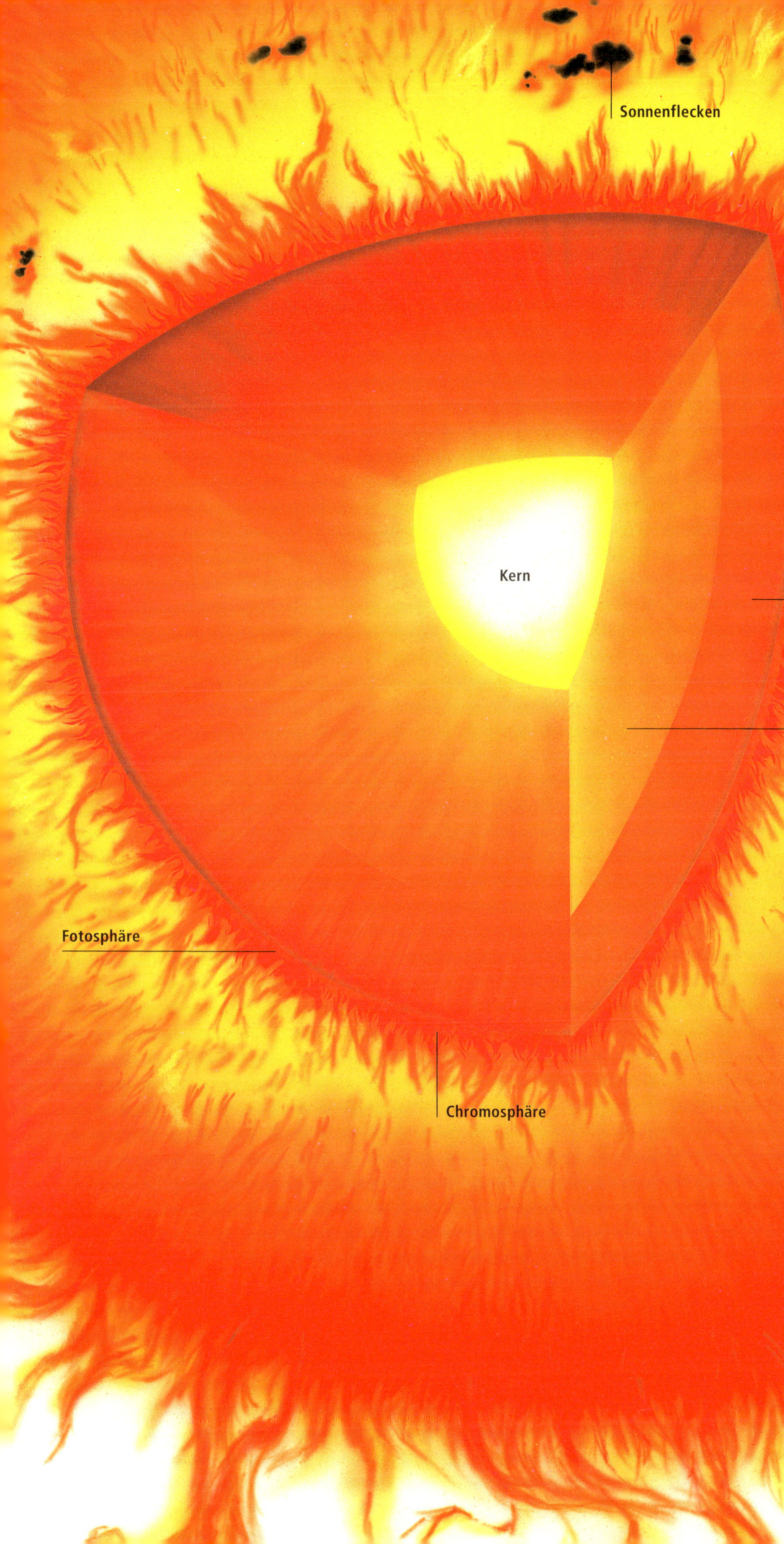

LICHTBÄNDER

Die Sonne sendet dauernd geladene Teilchen in den Weltraum. Wir bezeichnen diese als Sonnenwind. Die Teilchen gelangen an den Polen in die obere Erdatmosphäre und bringen dort Luftteilchen zum Glühen. Dadurch entstehen die Nord- und Südlichter. Diese Polarlichter sind außerordentlich farbenprächtige Erscheinungen am Himmel.

Merkur und Venus

Nach der Entstehung des Sonnensystems wurden die jungen Planeten mindestens 500 Millionen Jahre lang von Bruchstücken aus dem All bombardiert. So ist die Oberfläche des Merkurs mit Kratern aus jener Zeit übersät. Auch die Erde war einst voll solcher Krater. Doch weil sie dauernd abgetragen und neu aufgefaltet wird, sind diese Spuren auf der Erdoberfläche nicht mehr zu entdecken. Der Merkur liegt der Sonne am nächsten und bewegt sich sehr schnell. Deshalb ist er nur schwer am Nachthimmel zu erkennen. Die benachbarte Venus hingegen strahlt sehr hell – sei es als Abendstern oder als Morgenstern. Sie wird wie die Erde von der Sonne erwärmt. Über der Venus hängen dichte weiße Wolken und ihre Oberfläche ist über 400 °C heiß. Die dicken Kohlendioxidwolken bewirken einen starken Treibhauseffekt: Die von der Sonne eingestrahlte Wärme bleibt gefangen und heizt den Planeten auf.

Ein Schmelztiegel
Auf der heißen Oberfläche der Venus gibt es viele aktive Vulkane. Sie stoßen Lavaströme und Schwefelsäuredämpfe aus. Dauernd erhellen Blitze das Chaos.

DER MERKUR, EIN PLANENTENFOSSIL

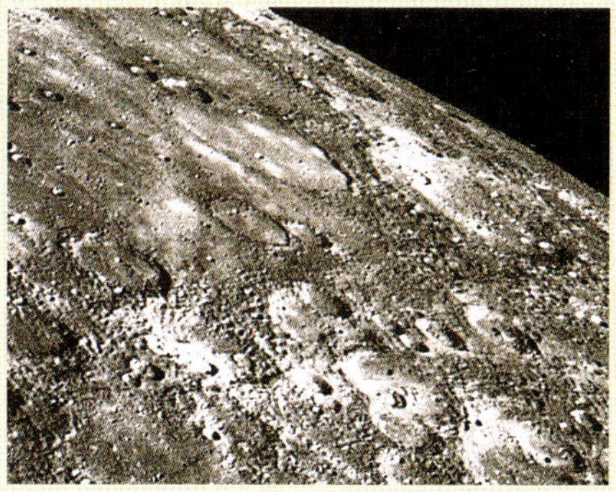

Die Oberfläche des Merkurs ist voller Gräben und Krater. Tagsüber ist es auf dem sonnennahen Planeten rund 350 °C heiß, nachts aber eisig kalt. Der Merkur hat keine Atmosphäre und somit kein Wasser. Die Krater, die durch den Aufprall von Bruchstücken entstanden sind, konnten deshalb nicht durch Erosion eingeebnet werden. Im Jahr 1977 flog die Sonde *Mariner 10* nahe am Merkur vorbei und machte aufschlussreiche Fotos. Sie zeigen bis zu 1000 m hohe Bruchstufen. Diese entstanden, als der Planet vor vier Milliarden Jahren um einige Kilometer schrumpfte. Man kann sie mit den Runzeln eines eingetrockneten Apfels vergleichen.

SCHON GEWUSST?

Venus ist die römische Göttin der Liebe und die meisten Landschaften und Berge auf diesem Planeten sind nach Frauengestalten benannt. Zwei Höhenzüge heißen Ischtar Terra und Aphrodite Terra. Ein Krater trägt den Namen der berühmten Jazzsängerin Billie Holiday.

Ein seltenes Ereignis
Diese mehrfach belichtete Aufnahme zeigt, wie die Venus als Punkt hinter dem Mond vorbeizieht. Der Astronom spricht von einer Bedeckung. Da der Mond keine Atmosphäre hat, verschwindet das Licht der Venus vollständig.

Helles Licht
Die Venus ist der bei weitem hellste Planet, weil ihre dicken Wolken das Sonnenlicht reflektieren. Man sieht sie nur einige Monate im Jahr, jeweils abends oder morgens vor der Dämmerung.

Zum Weiterlesen 12–13

Erde

Wir leben auf einem kleinen Planeten, dem einzigen Platz im Sonnensystem, auf dem überhaupt Leben entstehen konnte. Von einem Raumschiff aus gesehen erscheint die Erde als farbiger Planet mit grünen Flächen, gelben Wüsten, blauen Ozeanen und weißen Eisfeldern. Leben ist auf unserem Planeten nur möglich, weil er gerade so weit von der Sonne entfernt ist, dass das Wasser nicht verdampft. Wäre die Erde der Sonne nur um einige Millionen Kilometer näher, so wäre sie eine heiße Hölle wie die Venus. Bei größerer Entfernung hingegen wäre es auf ihr wüst und kalt wie auf dem Mars. Die Erde ist auch von einer Atmosphäre oder Gashülle umgeben, die ausreichend Sauerstoff enthält. Der Sauerstoffgehalt der Luft wurde in Millionen von Jahren von Lebewesen aufgebaut. Die Rotation der Erdkugel und die Atmosphäre sorgen dafür, dass die Temperaturen auf unserem Planeten keine extremen Schwankungen zeigen.

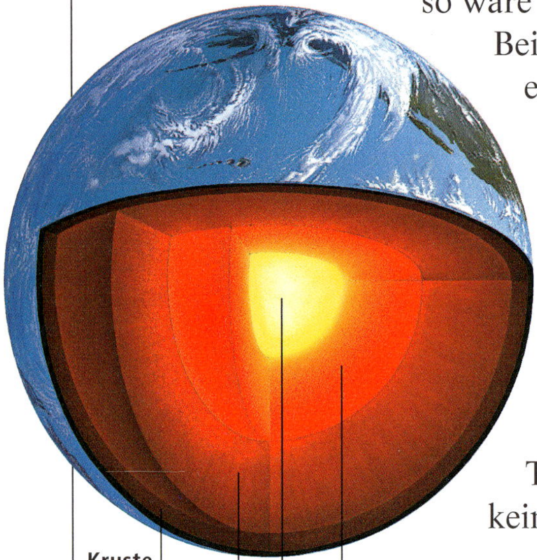

Im Inneren der Erde
Der feste innere Eisenkern ist vom flüssigen äußeren Kern und dem weichen Erdmantel umgeben. Die Erdkruste, die zwischen 5 und 60 km dick ist, besteht aus festen Gesteinen.

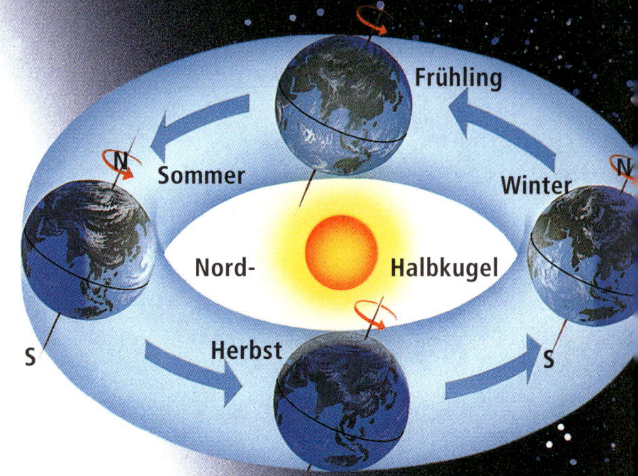

Die vier Jahreszeiten
Die Jahreszeiten der Erde entstehen durch die Neigung der Erdachse. Im Jahresverlauf haben die Nord- und die Südhalbkugel entgegengesetzte Jahreszeiten: Wenn auf der Nordhalbkugel Winter herrscht, ist auf der Südhalbkugel Sommer.

Mitternachtssonne
Am Äquator sind alle Tage ungefähr gleich lang. Je weiter man sich nach Norden oder Süden bewegt, umso größer wird der Unterschied in der Tageslänge zwischen Sommer und Winter. Hoch oben im Norden, jenseits des Polarkreises, geht die Sonne im Sommer nie unter (wie hier im Bild) und im Winter überhaupt nicht auf.

STERNSPUREN

Weil sich die Erde dreht, scheint sich die Sonne über den Himmel zu bewegen. Das gilt auch für die Sterne. Sie bewegen sich nach Westen. In Wirklichkeit dreht sich die Erde unter ihnen hinweg. Fotos wie dieses kann jeder machen: Die Kamera fest montieren, den Verschluss 30 Minuten offen lassen. Die Erde dreht sich inzwischen weiter und die Sterne werden als Striche abgebildet.

Ansichten des Mondes
Die Sonne bescheint immer nur die Vorderseite des Mondes. Je nach Stellung des Trabanten auf seiner Umlaufbahn um die Erde sehen wir eine schmale Sichel (zunehmend oder abnehmend), den Halbmond (zunehmend oder abnehmend) oder den Vollmond.

Ebbe und Flut
An manchen Stellen der Erde, wie hier an der Küste der Fidschi-Inseln, wirken sich die Anziehungskräfte des Mondes besonders stark aus und die Gezeiten sind sehr ausgeprägt. Bei Ebbe fällt ein großer Teil des Strandes trocken, bei Flut ist er überspült.

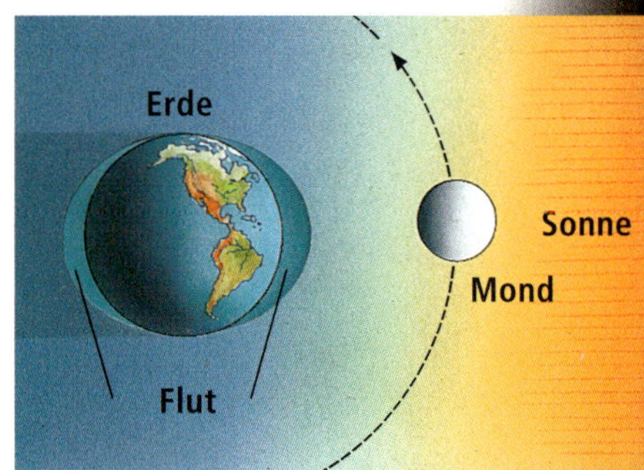

Wirkung der Schwerkraft
Die Gezeiten entstehen dadurch, dass der Mond – zum geringen Teil auch die Sonne – das Wasser der Ozeane durch seine Schwerkraft anzieht.

Mond

Im Jahr 1609 betrachtete der italienische Astronom Galileo Galilei erstmals mit einem Teleskop den Mond. Er sah eine zerfurchte Oberfläche mit Bergen und Kratern und dunkle, mit erkalteter Lava gefüllte Becken, die heute Mare oder Meere heißen. Alle diese Oberflächenformen stammen aus der Entstehungszeit unseres Sonnensystems, als der Mond von Bruchstücken bombardiert wurde. 360 Jahre nach Galileis Entdeckung setzte der amerikanische Astronaut Neil Armstrong als erster Mensch seinen Fuß auf den Erdtrabanten. Atemlos schauten die Menschen auf der Erde am Fernsehschirm zu. Was Galilei einst beschrieben hatte, war also Wirklichkeit. Der Mond kreist unentwegt um die Erde und nimmt ab oder zu. Die Mondphasen entstehen, weil der Mond unterschiedlich von der Sonne beschienen wird. Er kehrt uns stets dieselbe Seite zu, da er sich um seine Achse genauso schnell dreht wie um die Erde.

SELTSAM, ABER WAHR

Als Neil Armstrong den Mond betrat, hinterließ er einen Abdruck, der lange hält: Auf dem Mond gibt es keine Luft, keinen Wind, kein Wasser und keine Niederschläge, die den Fußabdruck verwischen könnten. Nur durch den Aufprall winziger Meteoriten wird er irgendwann verschwinden.

DER URSPRUNG DES MONDES

Wie der Mond entstanden ist, weiß man nicht genau. Die wahrscheinlichste der vielen Theorien besagt, dass zu Beginn der Erdgeschichte ein großer Himmelskörper auf die Erde prallte und zahlreiche Bruchstücke in eine Umlaufbahn um die Erde schleuderte. Die heißen Bruchstücke vereinigten sich dann zum Mond, der schließlich auskühlte.

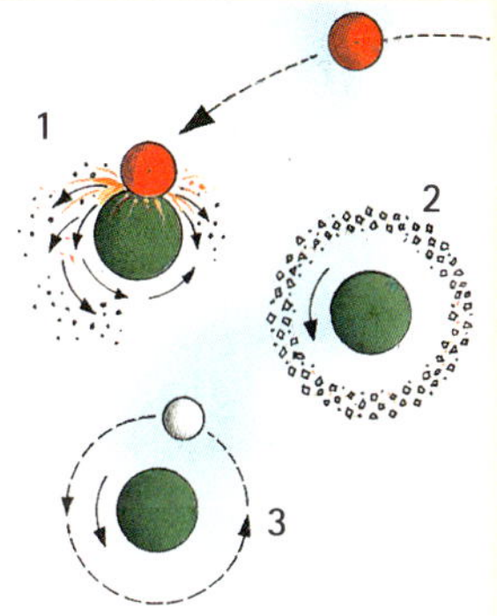

Mars

Die Römer nannten den orangeroten Planeten am dunklen Nachthimmel nach ihrem Kriegsgott Mars. Seine Oberfläche ist von rostrotem Gestein bedeckt. Man erkennt darauf mächtige Canyons und Vulkane, polare Eiskappen und Gebirge. Den Mars begleiten zwei winzige, von Kratern übersäte Monde, *Phobos* und *Deimos*. Der Planet ist nur halb so groß wie die Erde, doch zeigen sich einige Übereinstimmungen: Der Tag dauert auf dem Mars nur eine halbe Stunde länger als auf unserem Planeten und es gibt auch Jahreszeiten. Viele Menschen waren der Ansicht, auf dem Mars gebe es Lebewesen. Doch die Raumsonden, die ihn in den Siebzigerjahren besuchten, fanden dafür keine Anzeichen. Sie funkten Bilder einer öden Kaltwüste auf die Erde. Wahrscheinlich liegt Eis im Untergrund. Die Atmosphäre auf dem Mars ist sehr dünn, doch gelegentlich herrschen dort heftige Staubstürme.

Der größte Vulkan
Der *Olympus Mons* ist der größte Vulkan im Sonnensystem. Er ist fast so groß wie Deutschland und erreicht eine Höhe von rund 27 km. Wegen seiner riesigen Ausdehnung wirken seine Hänge aber nicht sehr steil.

Zukunftsaussichten
Mit einem solchen Marsmobil werden Astronauten vielleicht einmal Gesteinsproben auf dem Planeten einsammeln. Ein Flug zum Mars wird aber sehr lange dauern.

Marsmobil
Dieses Fahrzeug wurde für die Erforschung der Marsoberfläche entwickelt. Mit seinen großen Rädern kommt es auch in rauem Gelände voran.

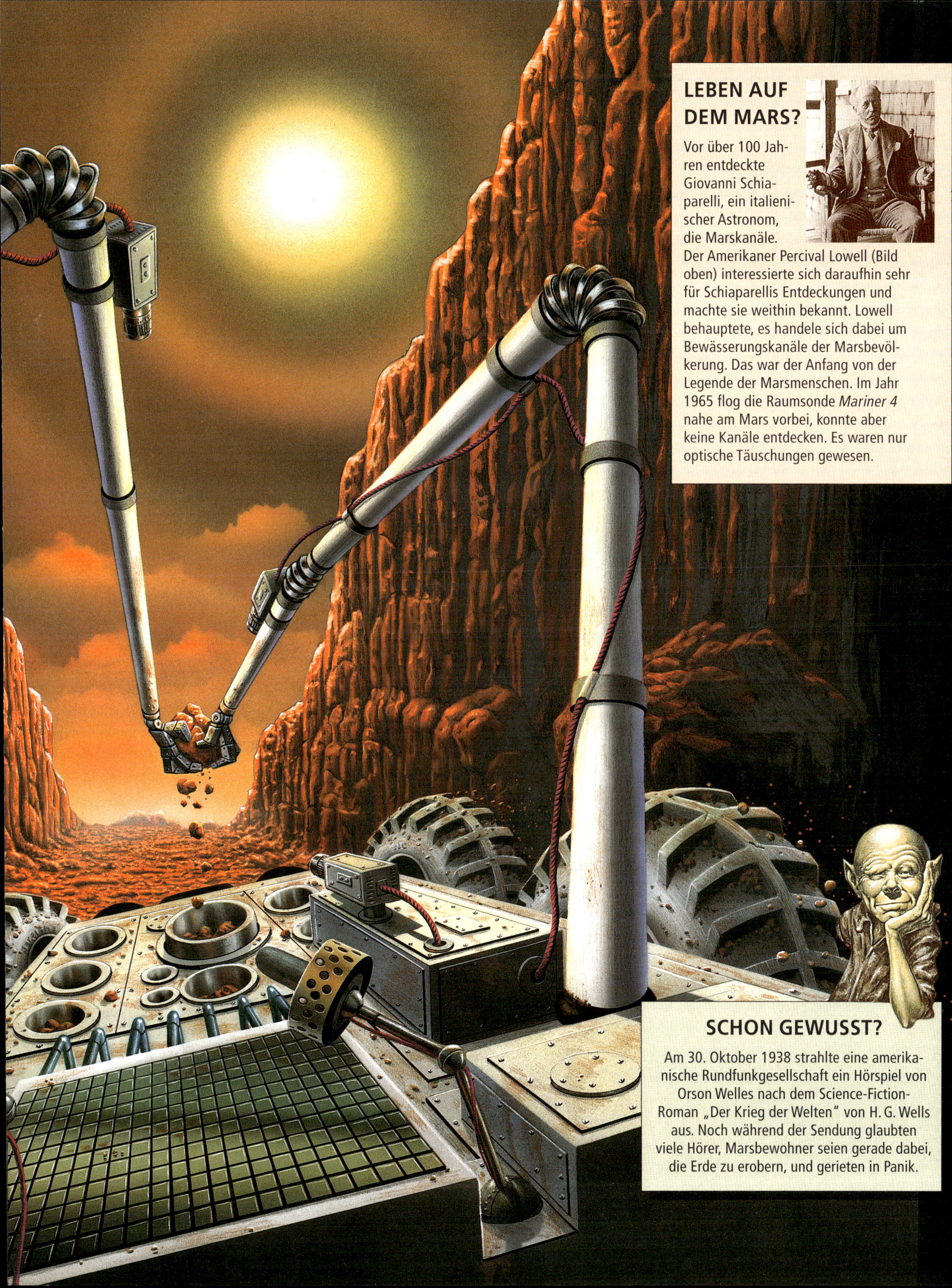

LEBEN AUF DEM MARS?

Vor über 100 Jahren entdeckte Giovanni Schiaparelli, ein italienischer Astronom, die Marskanäle. Der Amerikaner Percival Lowell (Bild oben) interessierte sich daraufhin sehr für Schiaparellis Entdeckungen und machte sie weithin bekannt. Lowell behauptete, es handele sich dabei um Bewässerungskanäle der Marsbevölkerung. Das war der Anfang von der Legende der Marsmenschen. Im Jahr 1965 flog die Raumsonde *Mariner 4* nahe am Mars vorbei, konnte aber keine Kanäle entdecken. Es waren nur optische Täuschungen gewesen.

SCHON GEWUSST?

Am 30. Oktober 1938 strahlte eine amerikanische Rundfunkgesellschaft ein Hörspiel von Orson Welles nach dem Science-Fiction-Roman „Der Krieg der Welten" von H. G. Wells aus. Noch während der Sendung glaubten viele Hörer, Marsbewohner seien gerade dabei, die Erde zu erobern, und gerieten in Panik.

Eine Mondfamilie
Der Jupiter ist von zahlreichen Monden umgeben. Galileo Galilei erkannte mit seinem Fernrohr im Jahr 1610 bereits die vier größten, nämlich *Io, Europa, Ganymed* und *Kallisto*.

Kollision im Weltall
Im Juli 1992 flog der Komet *Shoemaker-Levy 9* so nahe am Jupiter vorbei, dass er in 21 Stücke zerbarst. Zwei Jahre darauf stießen die Bruchstücke mit dem Jupiter zusammen. Damals verfolgten alle Astronomen auf der Welt diese dramatischen Kollisionen. Teilweise entstanden spektakuläre Feuerbälle, die 3000 km weit über die Wolkenschicht des Jupiters hinausreichten.

Jupiter

Der größte Planet unseres Sonnensystems ist der Jupiter. Er hat 300-mal so viel Masse wie die Erde und ist mehr als doppelt so schwer wie alle übrigen Planeten zusammengenommen. Obwohl er aus Gasen besteht, herrscht auf ihm eine ungeheure Schwerkraft und damit ein sehr hoher Druck. Seine Atmosphäre besteht aus Wasserstoff, Ammoniak und Methan. In ihr herrschen eiskalte Wirbelstürme, die schnell ihr Aussehen verändern, während sich der Planet rasch um seine eigene Achse dreht. Ein Tag auf dem Jupiter dauert weniger als zehn Stunden – das ist der kürzeste Tag im Sonnensystem. Auch der Jupiter hat wie die meisten Planeten Monde. 28 Jupitermonde sind bis heute entdeckt, doch gibt es möglicherweise noch kleinere Trabanten. Im Jahr 1979 entdeckte die Raumsonde *Voyager 1*, dass der Jupiter von einem schmalen Ring aus Gesteins- oder Eisteilchen umgeben ist.

DIE MONDE DES JUPITERS

Die vier größten Jupitermonde unterscheiden sich stark voneinander. *Io*, der jupiternächste Mond, hat viele Vulkankrater, die Schwefelfontänen ausstoßen. Die Sonde *Voyager 1* stellte bei ihrem Besuch 1979 fünf aktive Vulkane auf diesem Jupitermond fest. Der Eispanzer des nächsten Mondes, *Europa*, ist von tiefen Spalten durchzogen. *Ganymed* und *Kallisto*, die größten Jupitermonde, sind von Kratern übersät, die von aufprallenden Himmelskörpern stammen.

Io

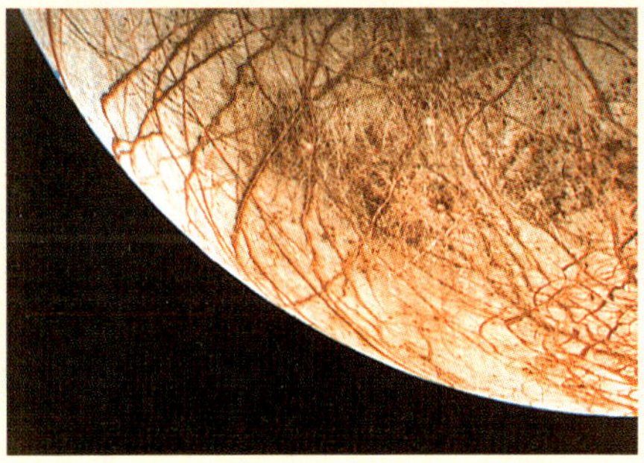

Europa

Ein ewiger Sturm
Schon vor 300 Jahren sahen Astronomen den Großen Roten Fleck auf dem Jupiter. Es handelt sich dabei um einen riesenhaften Wirbelsturm, der sich schon so lange auf dem Planeten hält.

Saturn

Das Auffallendste am Saturn sind seine Ringe. Erstmals sah sie der niederländische Naturforscher Christiaan Huygens vor über 300 Jahren. Von der Erde aus hat es den Anschein, als sei der Saturn von drei Ringen umgeben. Doch die Raumsonde *Voyager 2* entdeckte, dass jeder dieser Ringe aus tausenden sehr schmaler Bänder besteht. Sie enthalten Eisteilchen. Der Saturnring als Ganzes erstreckt sich über 400 000 Kilometer ins Weltall und ist nur wenige hundert Meter breit. Er entstand vor langer Zeit. Vielleicht näherte sich ein Mond oder ein Asteroid einmal zu sehr dem Saturn und wurde von der ungeheuren Schwerkraft dieses Riesenplaneten in Stücke gerissen. Wie Jupiter, Uranus und Neptun besteht auch der Saturn nur aus Gasen, zum größten Teil aus Wasserstoff und Helium. Er dreht sich sehr schnell um seine Achse und ist von Wolkenbändern umgeben.

SCHON GEWUSST?

Die ersten Astronomen konnten die Ringe des Saturns nicht genau erkennen. In den heutigen Teleskopen treten sie deutlich hervor, außer wenn wir auf deren Kante blicken, was etwa alle 30 Jahre einmal vorkommt.

Ein tiefer Krater
Der Saturnmond *Mimas* hat einen großen Aufschlagkrater, „Herschel" genannt. Dieser entstand beim Aufprall eines Kometen oder Asteroiden. Wäre der aufprallende Himmelskörper größer gewesen, so hätte er *Mimas* in Stücke gerissen.

Das Aussehen des Saturns

Der Saturn hat eine gelbliche Farbe. Bereits mit kleinen Fernrohren kann man auf diesem Planeten Wolkenstrukturen beobachten. Im Gegensatz zum Großen Roten Fleck des Jupiters sind sie aber nicht stabil, sondern kommen und gehen.

Saturnmonde

Der Saturn hat mehr Monde als jeder andere Planet. Es sind derzeit 30 Monde bekannt, weitere werden vermutet. Titan ist nach Ganymed (Jupiter) der zweitgrößte Mond im Sonnensystem und größer als der Planet Merkur.

WEIT WEG VON DER SONNE

Der orangefarbene *Titan* ist der größte Mond des Saturns. Als einziger Mond im Sonnensystem hat er eine Atmosphäre, die hauptsächlich aus Stickstoff besteht. Ähnlich wie auf der Venus bildet sie einen dichten Schleier. Der *Titan* ist von der Sonne sehr weit entfernt und deswegen so kalt, weil das Methan darauf nicht gasförmig, sondern flüssig ist.

Uranus

Der Uranus ist nach dem griechischen Gott des Himmels benannt. Den Planeten entdeckte 1781 der Engländer William Herschel. In seinem selbst gebauten Teleskop sah er einen kleinen, runden Himmelskörper mit grünlicher Färbung. Die Entdeckung des neuen Planeten war damals eine Sensation: Da der Uranus doppelt so weit von der Sonne entfernt liegt wie der Saturn, vervielfachte sich mit einem Schlag die Größe des Sonnensystems. Der Durchmesser des Uranus ist über viermal so groß wie der Durchmesser der Erde. Der Planet umkreist die Sonne einmal in 84 Jahren. Wie Jupiter und Saturn besteht er überwiegend aus Wasserstoff und Helium. Die Drehachse der meisten Planeten ist gegen ihre Umlaufbahn leicht gekippt – bei der Erde beispielsweise um 23 Grad. Der Uranus aber liegt völlig auf der Seite. Dies bedeutet, dass jeder Pol 42 Jahre lang der Sonne zugewandt ist, um dann ebenso lang von ihr abgedreht zu sein. Als 1986 die Raumsonde *Voyager 2* nahe am Uranus vorbeiflog, fotografierte sie die dichten Wolken des Planeten, seine schmalen Ringe und seine wundervollen Monde.

Der Mond der Miranda
Auf diesem Bild, das 1986 die Raumsonde *Voyager 2* aufnahm, ist im Vordergrund *Miranda* und im Hintergrund der Mutterplanet Uranus zu sehen. Uranus hat 20 Monde, ein weiterer wird vermutet.

Nahaufnahme
Miranda hat eine stark zerklüftete Oberfläche. Man nimmt an, dass der Himmelskörper nach einem Zusammenprall auseinander brach und die Bruchstücke sich danach wieder vereinigten. Besonders auffallend ist ein 20 km hohes Kliff.

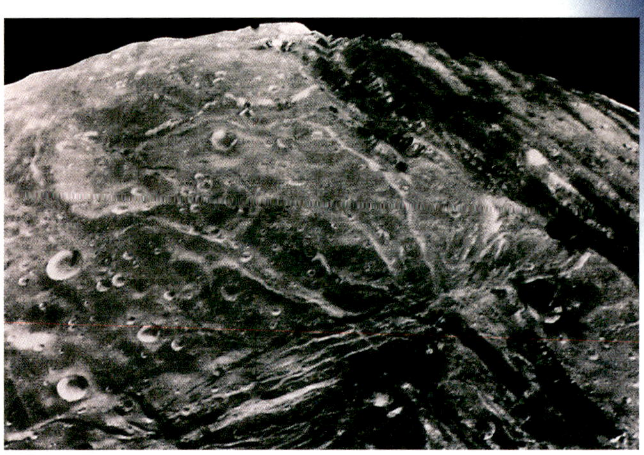

Vorher
In der Frühzeit des Sonnensystems prallte möglicherweise ein großer Himmelskörper auf den Uranus.

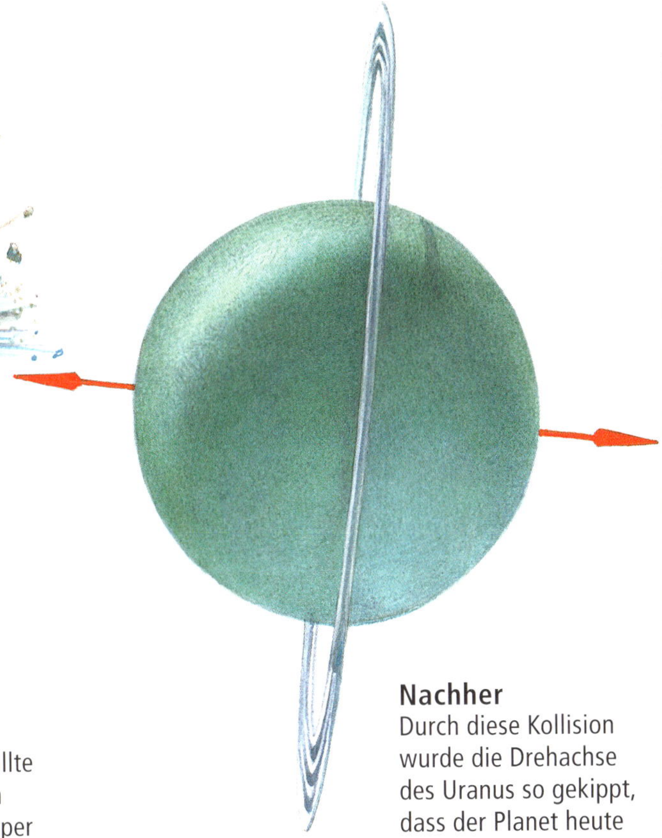

Nachher
Durch diese Kollision wurde die Drehachse des Uranus so gekippt, dass der Planet heute auf der Seite rollt.

SCHON GEWUSST?

Als der Uranus 1977 vor einem Stern vorbeizog, sahen Astronomen, dass das Sternenlicht flackerte. Sie schlossen daraus, dass Ringe um den Planeten das Licht des Sterns für kurze Zeit verdeckten. *Voyager 2* fotografierte neun Jahre später die Ringe des Uranus.

DER ASTRONOM DES KÖNIGS

Als William Herschel den Uranus entdeckte, glaubte er, einen Kometen oder einen Stern gefunden zu haben. Doch der neue Himmelskörper war ein Planet. Der englische König Georg III. war über diese Entdeckung so erfreut, dass er Herschel zu seinem Leibastronomen machte. Er finanzierte ihm auch den Bau dieses großen Teleskops.

Zum Weiterlesen 12–13

Neptun

Im Teleskop erscheint der Neptun als ein schwacher, dunkelblauer Himmelskörper. Er ist der kleinste der vier Gasplaneten und über vier Milliarden Kilometer von der Sonne entfernt. Auf dem Neptun ist es sehr windig. Helle und dunkle Wolken aus Wasserstoff, Helium und Methan ziehen über ihn hinweg. Der Kern des Neptuns besteht vermutlich aus Gesteinen. Darüber liegt ein Mantel aus Wasser, Methan und Ammoniak in gefrorenem und flüssigem Zustand. Der Neptun wurde zwar schon 1846 entdeckt, doch konnte man lange Zeit kaum etwas über ihn in Erfahrung bringen. Unsere heutigen Kenntnisse beruhen fast ausschließlich auf Bildern und Daten, die 1989 die Raumsonde *Voyager 2* auf die Erde funkte. So wissen wir nun, dass der Neptun viele schwache Ringe und acht Monde besitzt. Der größte davon, der *Triton*, ist von Stickstoffeis bedeckt. Auf seiner Oberfläche liegen Vulkankrater, die flüssigen Stickstoff mit hoher Geschwindigkeit ausstoßen. Der *Triton* ist der kälteste Ort im Planetensystem.

Kurzlebige Erscheinung
Voyager 2 fotografierte diesen Wirbelsturm, den man Großen Dunklen Fleck nennt. Auf einer Aufnahme des Weltraumteleskops fünf Jahre später war er bereits verschwunden.

Der Herrscher der Meere
Neptun war bei den Römern der Gott des Meeres. Sein Sohn Triton, halb Mensch, halb Fisch, herrschte zusammen mit seinem Vater über die stürmischen Wellen.

Eruptionen
Der *Triton*, die Erde, die Venus und der Jupitermond *Io* sind die einzigen Orte im Sonnensystem mit vulkanischer Aktivität. Die Vulkane des *Tritons* stoßen aber keine heiße Lava, sondern eiskalten flüssigen Stickstoff aus.

Vorbeiflüge
Die amerikanische Raumsonde *Voyager 2* wurde 1977 gestartet. Zwölf Jahre später erreichte sie den Neptun am Rande des Sonnensystems. Die Bilder, die sie von diesem Planeten aufnahm, gelangten als Funksignale auf die Erde.

DIE ENTDECKUNG DES NEPTUNS

Als die Astronomen im 19. Jahrhundert die Bahnen der Planeten im Sonnensystem aufzeichneten, bemerkten sie, dass Uranus seinen vorausberechneten Kurs nicht einhielt. War die Schwerkraft eines noch unentdeckten Planeten jenseits des Uranus schuld daran? Der Engländer John Couch Adams und der Franzose Urbain Leverrier berechneten, wo sich dieser mysteriöse Planet befinden könnte. Auf Grund ihrer genauen Angaben konnte dann der deutsche Astronom Johann Galle den Planeten Neptun mit seinem Teleskop finden.

Links außen: Urbain Leverrier
Links: John Couch Adams

Pluto

Der Pluto liegt an der Grenze unseres Sonnensystems und ist nach dem griechischen Gott der Unterwelt benannt. Dieser Gesteinsplanet ist der kleinste im System und meist auch der sonnenfernste. Er benötigt 248 Jahre, um die Sonne einmal zu umrunden. 20 Jahre lang liegt er dabei im Inneren der Neptunbahn. Dann entfernt er sich weit in den Weltraum. Während des größten Teils des Plutojahres sind die Stoffe an der Oberfläche dieses Planeten gefroren. Sobald Pluto jedoch der Sonne näher kommt, werden einige dieser Stoffe gasförmig, sodass der Planet eine Atmosphäre entwickelt. Pluto wurde erst 1930 entdeckt. Bisher wurde er noch von keiner Raumsonde besucht. Manche Astronomen betrachten ihn als Doppelplaneten, denn er hat einen sehr großen Mond, den *Charon*, der den Pluto in nur sechs Tagen umkreist.

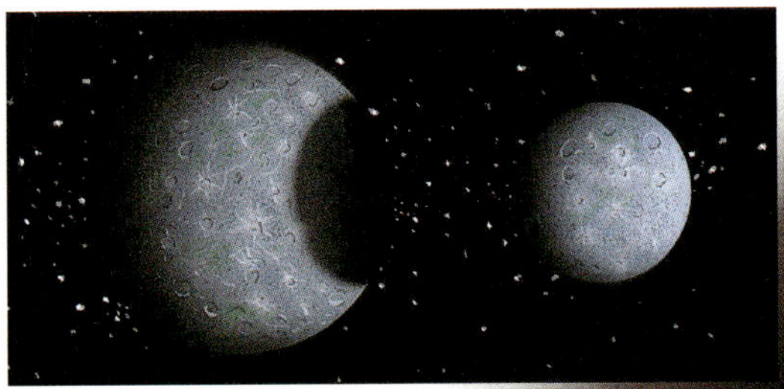

Pluto im Visier
Pluto und *Charon* liegen nahe beieinander und verdecken sich oft gegenseitig.

SCHON GEWUSST?

Der amerikanische Trickfilmproduzent Walt Disney schuf die Figur des schlappohrigen Hundes „Pluto" einige Monate, nachdem der Planet entdeckt und benannt worden war.

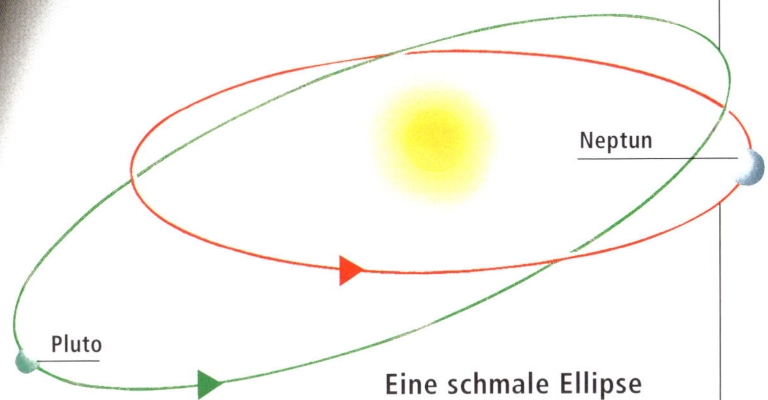

Eine schmale Ellipse
Die Zeichnung zeigt die längliche Umlaufbahn des Pluto um die Sonne. Zweimal in 248 Jahren ist der Pluto der Sonne näher als der Neptun.

Zu Besuch auf dem Pluto
Der Schatten des Mondes *Charon* fällt auf die eisige Oberfläche des Pluto. *Charon* ist halb so groß wie Pluto und der Pluto selbst kleiner als der Erdenmond.

SUCHE NACH DEM GEHEIMNISVOLLEN PLANETEN

Der Astronom Clyde Tombaugh (rechts) entdeckte 1930 den Pluto. Er war ein Anhänger von Percival Lowells Theorie, dass es jenseits des Neptuns noch einen Planeten geben müsse, der für die Bahnstörung von Neptun und Uranus verantwortlich sei. Bald merkte man jedoch, dass auch die Entdeckung des Pluto nicht alle Bahnstörungen erklären konnte. Deshalb halten einige Astronomen einen weiteren, zehnten Planeten für möglich. Die Suche nach ihm blieb auch mit der Raumsonde *Voyager 2* bisher erfolglos.

Kometen

Kometen sind mit Staub und Steinen durchsetzte Eisklumpen, die durch das Sonnensystem rasen. Früher glaubten die Menschen, die geheimnisvollen Erscheinungen seien die Vorboten von Kriegen und Unglück. Einige Kometen kommen alle paar Jahre an der Sonne vorbei, andere haben viel längere Umlaufbahnen und passieren die Sonne jeweils nach einigen tausend Jahren. Wenn sich ein Komet der Sonne nähert, beginnt sich sein Kern zu erwärmen. Dadurch entwickelt er eine Hülle aus Staub und Gasen, die Koma. Diese Koma kann man leicht erkennen, weil sie das Sonnenlicht zurückwirft und viel größer wird als die ganze Erde. Der Sonnenwind bläst Staub und Gasteilchen von der Koma weg, sodass ein Schweif entsteht, der oft Millionen von Kilometern weit ins Weltall reicht.
Alan Hale und Thomas Bopp entdeckten 1995 unabhängig voneinander den Kometen Hale-Bopp. Er war dann von Mai 1996 bis Dezember 1997 gut sichtbar.

SELTSAM, ABER WAHR

Früher galten Kometen als Unglücksboten. Dem Herzog von Mailand erzählten Astrologen, er habe außer einem Kometen nichts zu befürchten. Unglücklicherweise erschien 1402 ein Komet. Als der Herzog ihn sah, geriet er in Panik. Er bekam einen Herzanfall und starb.

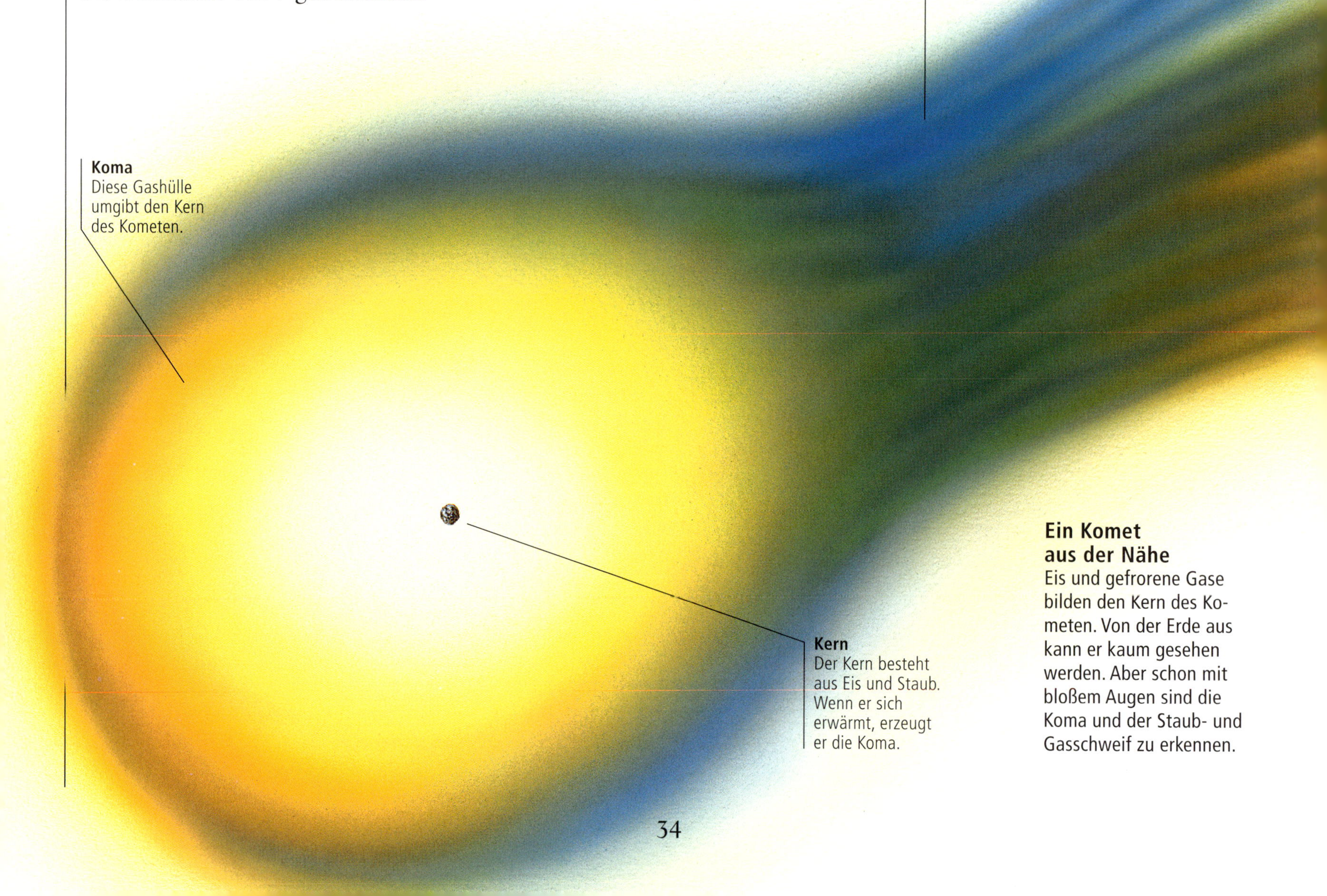

Ein Komet aus der Nähe
Eis und gefrorene Gase bilden den Kern des Kometen. Von der Erde aus kann er kaum gesehen werden. Aber schon mit bloßem Augen sind die Koma und der Staub- und Gasschweif zu erkennen.

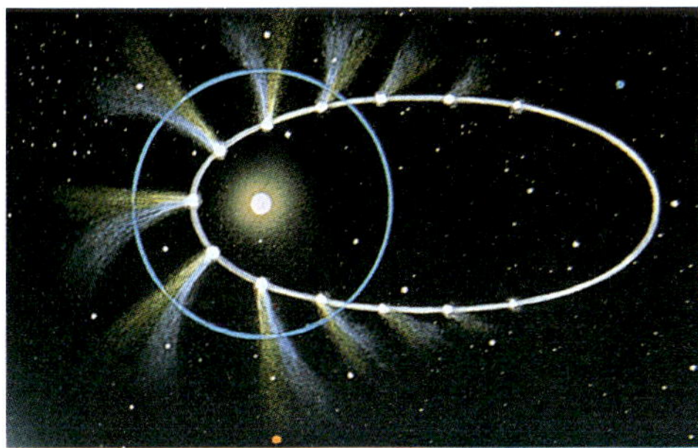

Kometenschweif
Nähert sich der Komet der Sonne, wächst der Schweif. Entfernt er sich, dann verschwindet der Schweif wieder. Der Sonnenwind treibt ihn stets von der Sonne weg.

Staubschweif
Dieser Schweif ist im Allgemeinen gekrümmt und besteht aus Gasen, die vom Kometen wegströmen.

DIE RÜCKKEHR DES KOMETEN

Der *Halleysche Komet* ist der berühmteste aller Kometen. Edmund Halley (oben) bemerkte als Erster, dass der später nach ihm benannte Komet alle 76 Jahre zurückkehrt. Er konnte mit Erfolg dessen Wiedererscheinen im Jahr 1758 voraussagen. Früher verbreitete der *Halleysche Komet* Panik und Schrecken. Im Jahr 1910 war er von der Erde aus besonders deutlich zu sehen, da unser Planet durch den Kometenschweif hindurchzog. Im Jahr 1986 sandte man dem Kometen (unten) die Raumsonde *Giotto* entgegen, die hervorragende Aufnahmen von ihm machte. Der Komet befindet sich zurzeit jenseits der Uranusbahn, östlich vom Sternbild *Orion*. Im Jahr 2062 wird er wieder am Himmel zu sehen sein.

Der Komet Levy
Neu entdeckte Kometen erhalten den Namen ihres Entdeckers. 1990 war der Komet *Levy* am Nachthimmel zu sehen.

Asteroiden und Meteoriten

Zu unserem Sonnensystem gehören noch viele weitere Himmelskörper. Die kleinsten sind die Asteroiden und die Meteoriten. Die Asteroiden oder Kleinplaneten vereinigten sich bei der Entstehung des Sonnensystems nicht zu größeren Planeten. Die meisten von ihnen liegen zwischen den Bahnen des Mars und des Jupiters, im so genannten Asteroidengürtel. 1801 wurde der erste Asteroid – *Ceres* – entdeckt. Er hat einen Durchmesser von etwa 1000 Kilometern. Die meisten Asteroiden sind jedoch viel kleiner. Als Meteoriten bezeichnen wir Gesteinsbruchstücke, die auf die Erde gelangen. In den überwiegenden Fällen handelt es sich dabei um winzige Teilchen, die in der oberen Erdatmosphäre verglühen und als Sternschnuppen sichtbar werden. Nur selten prallen größere Meteoriten auf die Erdoberfläche und hinterlassen hier einen Krater wie etwa das Nördlinger Ries.

Asteroidenbahnen
Nicht alle Kleinplaneten kreisen im Asteroidengürtel zwischen Mars und Jupiter. Zwei Asteroidengruppen, die *Griechen* und die *Trojaner*, kreuzen die Jupiterbahn. Andere Asteroiden kreuzen auch die Erdbahn.

SCHNELLE OBJEKTE IM WELTRAUM

Die Raumfähre *Challenger* wurde im Juni 1983 von einem winzigen Teilchen getroffen, vielleicht einem Staubkorn oder Farbsplitter eines früheren Raumschiffes. Der Shuttle und das Teilchen flogen so schnell, dass durch den Aufprall ein kleiner Krater im Fenster entstand. Selbst winzige Teilchen stellen wegen ihrer hohen Geschwindigkeit eine große Gefahr im Weltall dar.

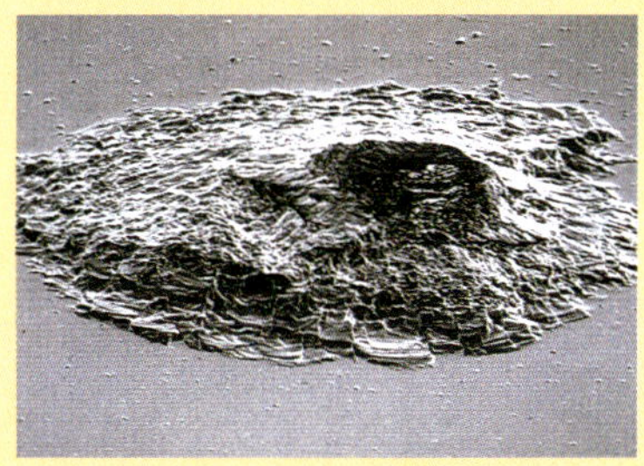

SCHON GEWUSST?

Der Asteroid *Toutatis* flog 1992 nahe an der Erde vorbei. Der Astronom Steve Ostro sandte ihm Radarsignale entgegen und fing deren Echos auf. Daraus schloss er, dass *Toutatis* aus zwei benachbarten oder sich berührenden Teilen besteht.

Gast aus dem Weltall
Die Kinder betasten einen der größten Meteoriten der Welt. Schon vor langer Zeit verehrten die Inuit von Cape York in Grönland diesen Körper aus dem All.

Eine Narbe
Den Astronomen zufolge kollidiert alle 100 000 Jahre einmal ein großer Asteroid mit der Erde. Dieser Krater bei Gosse Bluff in Nordaustralien ist bei einem solchen Aufprall entstanden.

Zum Weiterlesen 12–13

Kollisionen im Sonnensystem

Vor ungefähr 3,9 Milliarden Jahren umkreisten helle Kometen und Asteroiden die Sonne. Diese Körper bombardierten die Planeten und richteten ungeheure Verwüstungen an. Die Krater auf dem Mond, dem Merkur und dem Mars sind Spuren davon. Auch die Erde wurde von solchen Kleinplaneten getroffen. Die Krater sind jedoch im Laufe der Zeit abgetragen und aufgefüllt worden. Heute gilt es als höchstwahrscheinlich, dass der Aufprall eines Kometen oder Asteroiden für das Aussterben der Dinosaurier vor 65 Millionen Jahren verantwortlich war. Als Folge dieses Aufpralls verdüsterte sich der Himmel über viele Jahre hinweg und es wurde sehr kühl auf der Erde. Kollisionen richteten aber nicht nur Schäden an: Vielleicht wurde durch sie das Leben auf der Erde auch erst möglich. Kometen, die auf die Erde prallten, gaben zum Beispiel Kohlenstoff, Wasserstoff, Sauerstoff und Stickstoff ab und reicherten damit die dünne Erdatmosphäre an. Das Leben beruht auf dem Element Kohlenstoff, während das Wasser aus Wasserstoff und Sauerstoff besteht. Ohne Wasser gäbe es weder Pflanzen noch Tiere.

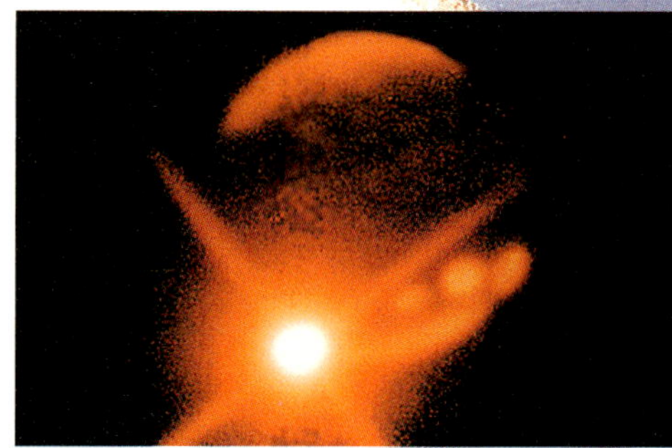

Kollisionen heute
Noch immer kommt es im Sonnensystem zu Kollisionen, auch wenn sie nicht häufig sind. Im Juli 1994 fielen Bruchstücke des Kometen *Shoemaker-Levy* auf den Planeten Jupiter und führten zu hellen Lichterscheinungen.

Zusammenprall mit der Erde
Dieser Tyrannosaurus, der gerade einen anderen Dinosaurier frisst, wird von heftigen Explosionen und Blitzen aufgeschreckt: Ein Komet war mit der Erde zusammengestoßen. Es folgten ein Erdbeben und eine Hitzewelle. Eine Staubschicht verdunkelte die gesamte Atmosphäre, die Sonne war monatelang kaum zu sehen. Saurer Regen fiel und die Temperatur sank. Diese Naturkatastrophe überstanden nur wenige Lebewesen.

SCHON GEWUSST?

Aufprallkrater auf der Erde werden schnell abgetragen und verschwinden durch die Bewegungen der Erdkruste. Der Mond hingegen zeigt heute noch Krater, die Milliarden Jahre alt sind.

Entstehung des Mondes
In der Frühzeit des Sonnensystems gab es viele Kollisionen. Durch den Aufprall eines großen Asteroiden auf die Erde ist möglicherweise auch unser Mond entstanden.

FRÜHE KOLLISIONEN

Bei Vollmond erkennt man auf unserem Satelliten mehrere dunkle Gebiete. Die meisten davon sind riesige Becken, die durch einen Aufprall entstanden und sich mit Lava füllten. Mit einem Fernglas oder kleinen Teleskop kann man auf der Mondoberfläche auch Krater ausmachen. Sie stammen von Einschlägen von Asteroiden oder Kometen.

Phasen einer Mondfinsternis
Die Bilder zeigen verschiedene, aufeinander folgende Stadien einer Mondfinsternis. Eine totale Mondfinsternis kann bis zu eindreiviertel Stunden dauern.

Finsternisse

Die Sonne schickt ihr Licht weit ins Weltall hinaus. Fällt es auf die Erde und den Mond, dann werfen beide einen Schatten. Wenn der Erdschatten den Mond verdunkelt, kommt es zu einer Mondfinsternis. Sonne, Erde und Mond liegen dann in einer Linie: Deswegen sind Mondfinsternisse nur bei Vollmond möglich. Bei einer Sonnenfinsternis zieht der Mond vor der Sonne vorbei und wirft einen Schatten auf die Erde. Eine totale Sonnenfinsternis ist allerdings nur in einem schmalen Streifen auf der Erdoberfläche zu beobachten. Dabei fällt eine merkwürdige Dunkelheit über das Land und die Temperatur geht spürbar zurück. Der Mond ist im Vergleich zur Sonne zwar winzig, doch kann er sie wegen ihrer riesigen Entfernung zur Erde überdecken. Sonnenfinsternisse treten in regelmäßigen Abständen auf. Gleichartige Finsternisse kehren in Abständen von 18 Jahren und 11 Tagen wieder. Diesen so genannten Saroszyklus kannten bereits die Babylonier.

Die Sonne wird verdeckt
Bei einer partiellen Finsternis wird nur ein Teil des Himmelskörpers verdeckt, bei einer totalen Finsternis ist er für einige Zeit nicht mehr zu sehen. Diese mehrfach belichtete Aufnahme zeigt eine totale Sonnenfinsternis. Der Mond braucht nur eine Stunde, um die Sonne vollständig zu bedecken. Wir können dann die Sonnenkorona sehen.
Die Phase der totalen Bedeckung dauert im Höchstfall 7,6 Minuten.

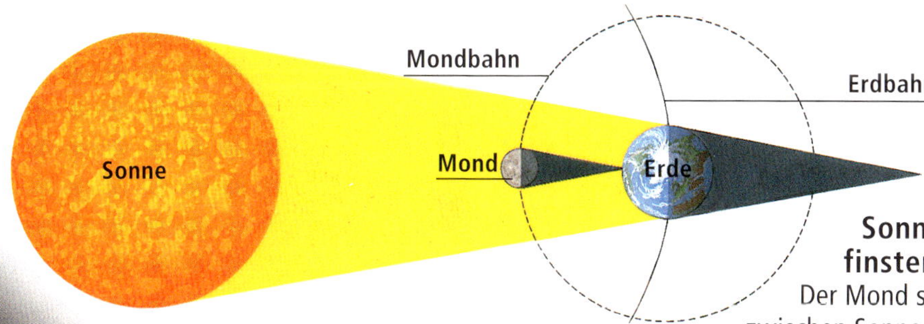

Sonnenfinsternis Der Mond steht zwischen Sonne und Erde. Der Mondschatten fällt nur auf ein kleines, streifenförmiges Gebiet der Erde.

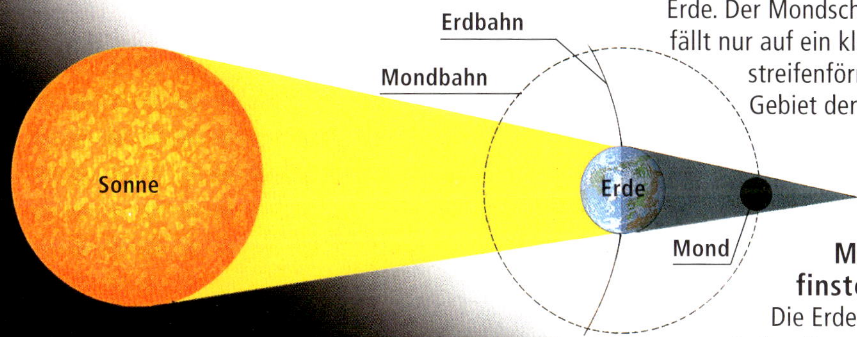

Mondfinsternis Die Erde steht zwischen Sonne und Mond. Der Erdschatten bedeckt nun den Mond.

WIE MAN EINE SONNENFINSTERNIS BEOBACHTET

Am 11. August 1999 fand über Europa eine totale Sonnenfinsternis statt. Das ist ein unvergessliches Erlebnis. Ohne richtigen Schutz der Augen darf man aber auf keinen Fall in die Sonne schauen. Man kann erblinden.

Das Mädchen auf dem Bild betrachtet eine Sonnenfinsternis ohne Teleskop. Es hat die Sonne im Rücken. Die Sonnenstrahlen fallen durch ein Loch in einem Karton und werden von einem zweiten Karton aufgefangen. So ist die Beobachtung gefahrlos möglich.

Zum Weiterlesen 14–15

Lebenslauf eines Sterns

Wenn ein Stern im Weltall explodiert, zieht eine Schockwelle durch eine benachbarte Dunkelwolke. Diese beginnt dann zu schrumpfen und sich in kleinere Spiralwolken aufzulösen. Das Zentrum der Wolke wird heißer und heißer und entzündet sich. So entsteht ein neuer Stern. Alle Sterne am Himmel sind aus solchen Gas- und Staubwolken hervorgegangen. Die bläulich weißen Sterne verbrennen ihren Wasserstoff sehr schnell und sind am heißesten. Die Sonne dagegen ist ein gelber Zwerg, dessen Wasserstoff viel langsamer verbrennt. Noch geringer ist die Temperatur des sonnennächsten Fixsterns, *Proxima Centauri*, aus der Gruppe der roten Zwergsterne. Die Größe eines Sterns und die Geschwindigkeit, mit der er Wasserstoff verbrennt, entscheiden über seine Lebensdauer. Die Sonne brennt seit fünf Milliarden Jahren und wird noch einmal so lange bestehen. Dann wird sie sich zu einem roten Riesen aufblähen und schließlich zu einem weißen Zwergstern schrumpfen. *Proxima Centauri* bleibt dagegen noch viele Jahrmilliarden ein roter Zwerg.

Nebel
Nebel sind riesenhafte Wolken aus Wasserstoff, Helium und mikroskopisch feinem Staub.

Ein weißer Zwerg
Wenn der planetarische Nebel verschwunden ist, bleibt nur ein kleiner, heißer Stern übrig.

Planetarischer Nebel
Gegen Ende seines Lebens schleudert der Stern seine äußeren Schichten langsam ins All. Sie bilden dort einen planetarischen Nebel, der schließlich verschwindet.

Der Orionnebel
Der *Orion* ist eines der bestbekannten Sternbilder am Himmel. Der Orionnebel ist 1600 Lichtjahre von der Erde entfernt und hat einen Durchmesser von 25 Lichtjahren. Hier entstehen aus interstellarer Materie neue, junge Sterne.

Der Zyklus eines Sterns
Das Diagramm auf dieser Doppelseite zeigt Stadien im Leben eines Sterns, etwa der Sonne. Solche Sterne leben einige Jahrmilliarden. Wenn ihr Wasserstoff aufgebraucht ist, bläht sich die Sonne auf und wird für kurze Zeit so groß wie die gesamte Erdbahn. Dann schrumpft sie zu einem weißen Zwergstern und kühlt sich in den folgenden Jahrmilliarden langsam ab.

Protostern
Wenn das Zentrum des Nebels dichter und heißer wird, entsteht ein neuer Stern, ein Protostern.

Lebensdauer
Sehr große Sterne leben einige hundert Millionen Jahre, kleinere werden viele Jahrmilliarden alt.

Roter Riese
Gegen Ende ihres Lebens wird sich die Sonne zu einem roten Riesen entwickeln.

EIN SCHWARZES LOCH

Wenn ein sehr massereicher Stern seinen Wasserstoff aufgebraucht hat und als Supernova explodiert, schrumpft sein Kern immer mehr, bis er kleiner wird als ein Stecknadelkopf. Ein solcher höchstverdichteter Stern übt eine derartige Schwerkraft aus, dass kein Licht ihn verlassen kann. Deswegen spricht man von einem schwarzen Loch.

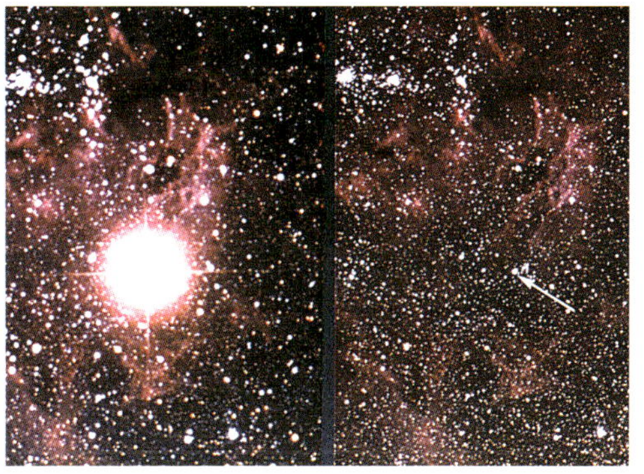

Eine Supernova
Für einige Tage oder Wochen kann eine Supernova (oben links) heller leuchten als eine ganze Galaxie aus Milliarden von Sternen. Dann wird sie wieder ein winziger Fleck (Pfeil).

Der Pferdekopfnebel
Als Nebel oder interstellare Materie bezeichnet man eine Wolke aus Gas und Staub. Der *Pferdekopfnebel* ist sehr dunkel und kann nur vor hellem Hintergrund beobachtet werden.

Zum Weiterlesen 36–37

Seltsame Sterne

Sterne bestehen alle aus heißen Gasen. Sie zeigen aber eine große Vielfalt, was Masse, Farbe, Temperatur und Leuchtkraft anbelangt. Die Farbe eines Sterns verrät uns, wie heiß er ist: Verhältnismäßig kühle Sterne sind rot, heiße Sterne hingegen bläulich weiß. Sehr viele Sterne entpuppen sich bei genauerem Hinsehen als Doppelsterne. Sie drehen sich um einen gemeinsamen Mittelpunkt. Doppelsterne unterscheiden sich oft in Helligkeit und Farbe. Ein weißer Zwergstern dreht sich etwa um einen roten Riesen. Manche Doppelsterne sind sehr weit voneinander entfernt und erscheinen nur von der Erde aus als Nachbarn. Andere stehen in engem Kontakt und umkreisen einander rasch. Der eine Stern ist dann ein massereicher weißer Zwerg, der Wasserstoffgas von einem roten Riesen absaugt. Dieser schrumpft durch den Gasaustausch, während sich der Zwergstern zu einer sehr hellen Nova entwickelt.

Größenveränderung
Einige Sterne verändern ihre Größe wie oben. Die *Cepheiden* zum Beispiel wechseln auch ihre Farbe, Temperatur und Leuchtkraft innerhalb von Tagen.

Kurze Blitze
Nach einer Supernova-Explosion bleibt oft nur ein kleiner, extrem dichter Neutronenstern übrig. Er dreht sich in weniger als einer Sekunde um die eigene Achse. Nimmt man dabei Strahlenbündel wahr, so bezeichnet man den Stern als Pulsar.

SCHON GEWUSST?

Im Jahr 1931 entdeckte Clyde Tombaugh auf der Suche nach neuen Planeten einen veränderlichen Stern, *TV Corvi*. Die meiste Zeit über ist Tombaughs Stern unsichtbar. Er bricht aber in regelmäßigen Abständen aus und ist dann kurz zu sehen.

Materialfluss
In diesem Doppelsternsystem sieht der große Stern viel beeindruckender aus als sein kleiner Begleiter. Doch der Zwergstern bestimmt das Geschehen. Er saugt Wasserstoffgas von seinem größeren Begleiter, bis dieser schrumpft. Dann explodiert der Zwergstern als Nova.

EXPLODIERENDE STERNE

Was geschieht mit dem Wasserstoff, den ein Zwergstern von seinem größeren Begleiter bekommen hat? Das Gas sammelt sich über Monate, Jahrzehnte oder gar Jahrhunderte in einer Scheibe. Schließlich sind Temperatur und Druck so hoch, dass eine Kernfusion in Gang kommt. Dabei steigt die Helligkeit für einige Tage bis über das Hundertfache an. Dann verliert der Stern wieder an Leuchtkraft und alles beginnt von vorn.

Zum Weiterlesen 42–43

Galaxien

Galaxien sind riesengroße Sternfamilien, die weit verstreut im unendlichen Universum liegen. Sie werden von der Schwerkraft zusammengehalten. Jede Galaxie enthält Millionen von Sternen – Riesen und Zwerge, alte und junge Sterne sowie Kugelsternhaufen. Einige Galaxien sind spiralförmig, andere linsenförmig, manche haben keine bestimmte äußere Form. Es gibt im Weltall ungeheuer viele Galaxien, von denen mehrere einen Galaxienhaufen oder Cluster bilden. Unser Sonnensystem ist zum Beispiel ein Teil der Galaxie „Milchstraße". Sie gehört mit ein paar Dutzend weiteren Galaxien, etwa den *Magellan'schen Wolken* oder dem *Andromedanebel*, zur so genannten „Lokalen Gruppe". Der *Andromedanebel* ist so groß, dass wir ihn ohne Teleskop am sehr dunklen Nachthimmel erkennen können. Er ist über zwei Millionen Lichtjahre von der Erde entfernt. Das Licht, das wir heute vom *Andromedanebel* am Himmel sehen, wurde von diesem Gebiet ausgesandt, als es auf der Erde noch keine Menschen gab.

Eine benachbarte Galaxie
Der spiralige *Andromedanebel* steht der Milchstraße am nächsten. Der Nebel enthält viele hundert Milliarden Sterne. Seine Spiralarme erscheinen wegen der vielen Hell- und Dunkelnebel fleckig.

Galaxienhaufen
Mehrere Galaxien bilden Galaxienhaufen (Cluster), die sich zu einem Superhaufen oder Supercluster zusammenschließen.

Spiralform
Die Arme dieser Galaxie werden von Sternen und Gaswolken gebildet.

Balkenspirale
An beiden Enden eines Balkens aus Sternen setzen Spiralarme an.

SCHON GEWUSST?

Die *Magellan'schen Wolken* sind Satellitengalaxien der Milchstraße. Der portugiesische Seefahrer Ferdinand Magellan hat sie im frühen 16. Jahrhundert zum ersten Mal beobachtet. In Zukunft wird die Schwerkraft der Milchstraße diese Galaxien auseinander ziehen. Ihre Sterne und Nebel werden dann Teil unserer Galaxie.

Linsenform
Diese Galaxien sind abgeflacht und scheibenförmig; die abgebildete hat fünf Millionen Sterne.

LICHT VOM RANDE DES WELTALLS

Quasare sind außerordentlich energiereiche sternförmige Objekte. Sie sind alle extrem weit von uns entfernt. Der Quasar mit der Bezeichnung *3C-273* liegt mehrere Milliarden Lichtjahre von der Erde weg und ist dennoch so hell, dass man ihn schon mit einem Amateurteleskop erkennen kann. Eine solche Helligkeit lässt auf Riesengröße schließen, doch sind Quasare wahrscheinlich kleiner als ein Lichtjahr. Die Astronomen meinen, im Zentrum eines Quasars befinde sich ein schwarzes Loch, das die gesamte umgebende Materie an sich zieht. Dadurch würden ungeheure Energiemengen frei. Ein Teil der Materie tritt dabei in Form eines unvorstellbar energiereichen gebündelten Strahls, eines Jets, ins Weltall aus.

Irreguläre Galaxie
Diese Galaxien passen nicht zu den bisherigen Formen. Sie sind kleiner als die Milchstraße.

Zum Weiterlesen 10–11

Milchstraße

In klaren Nächten sieht man am Himmel tausende von Sternen. Das ist aber nur eine geringe Auswahl aus den über 200 Milliarden Sternen, die unsere Galaxie, die Milchstraße, enthält. Wir sehen die Milchstraße nur von der Seite und sie erscheint als Band, das über den Himmel zieht. In Wirklichkeit ist sie eine Spiralgalaxie mit einem Durchmesser von rund 100 000 Lichtjahren. Sie hat mindestens zwei größere Arme, die aus Nebeln und bläulich weißen Sternen bestehen. Ältere, gelbe und rote Sterne befinden sich im Kern der Galaxie. Unser Planet liegt auf einem der Spiralarme, etwa 30 000 Lichtjahre vom Zentrum entfernt. Deshalb haben wir keine richtige Vorstellung von der Milchstraße. Gas- und Staubwolken blockieren überdies den Blick ins Innere. Vor kurzem stellten Astronomen fest, dass sich im Zentrum ein massereiches Objekt befinden muss, vielleicht ein schwarzes Loch.

Blick auf die Milchstraße
Die Milchstraße ist eine Spiralgalaxie. Sie besteht aus Sternen, Gas- und Staubwolken.

SCHON GEWUSST?

Die Milchstraße ist eine linsenförmige Scheibe, die sich nicht als Ganzes dreht. Die Sterne bewegen sich in ihr nicht gleich schnell. Die Sonne braucht beispielsweise 220 Millionen Jahre für eine Umdrehung um das Zentrum der Milchstraße.

Blick von der Seite
Wenn man die Milchstraße von außerhalb betrachten könnte, würde sie wie eine flache Scheibe mit einer Verdickung in der Mitte aussehen. Die Scheibe wird von den Spiralarmen gebildet.

MILCHSTRASSENFORSCHER

Der Astronom Bart Bok (Bild unten) und seine Frau Priscilla Fairfield widmeten ihr ganzes Leben der Erforschung der Milchstraße.

Auf Grund ihrer vielen Beobachtungen konnten sie eine Karte von den Spiralarmen der Galaxie zeichnen. Sie untersuchten auch den Orionnebel und andere Nebel und fanden heraus, wie aus diesen großen Dunkelwolken am Himmel neue Sterne entstehen.

Zum Weiterlesen 46–47

Sterngucker

Jeder kann die Sterne beobachten. Schon mit bloßem Auge lassen sich am dunklen Nachthimmel ungefähr 4000 Sterne erkennen. Benachbarte Sterne erscheinen hell, weit entfernte sind nur schwach sichtbar. Der *Sirius* oder Hundsstern ist nicht nur der hellste Stern am Himmel, sondern auch einer der nächsten. Einige Sterne strahlen hunderttausendmal mehr Licht ab als die Sonne, doch sie sind tausende von Lichtjahren von uns entfernt. Auch der Mond ist normalerweise am Himmel zu sehen. Im Laufe eines Monats verändert er ständig seine Gestalt. In klaren Nächten kann man gelegentlich bis zu fünf Planeten beobachten. Sie sind von den Sternen kaum zu unterscheiden. In aufeinander folgenden Nächten erkennt man aber, dass sie sich vor dem Hintergrund der Sterne weiterbewegen. Auch die Sterne bewegen sich mit hohen Geschwindigkeiten im Weltall. Wegen ihrer riesigen Entfernung von der Erde wäre diese Bewegung aber frühestens nach 1000 Jahren zu bemerken.

Benachbarte Welten
In der frühen Dämmerung können wir viele Sterne und einige Planeten beobachten. Von oben nach unten sehen wir auf diesem Bild die Venus – je nach ihrem Auftreten auch Morgen- oder Abendstern genannt –, den Mond und den Jupiter.

SCHON GEWUSST?

Die Zahl der Sterne, die man am Himmel sehen kann, hängt vom Beobachtungsort ab. In der Stadt sieht man wegen der vielen künstlichen Lichter nur wenige Sterne. Auf dem Land lassen sich ohne Fernglas 3000 bis 4000 Sterne beobachten.

Eine Sternschnuppe
Ein Astronom in Kalifornien fotografierte diese Sternschnuppe aus dem Meteorstrom der *Geminiden*. Dieser tritt jedes Jahr Mitte Dezember auf. Die kurzen Striche auf dem lang belichteten Foto stammen von Sternen.

WEGWEISER AM HIMMEL

Eines der bekanntesten Sternzeichen am Himmel ist der Große Wagen, der zum Sternbild des Großen Bären, *Ursa Major*, zählt. Vier helle Sterne bilden den eigentlichen Wagen, drei weitere Sterne in einer gekrümmten Linie die Deichsel. Die Engländer und die Amerikaner bezeichnen den Großen Wagen als „Big Dipper", als „Große Schöpfkelle". Es sind noch viele andere Bezeichnungen üblich und denkbar. Man könnte dieses Sternbild auch als „Drachen" interpretieren. Die Sternbilder tragen rein willkürliche Namen.

„Großer Wagen" oder „Große Schöpfkelle"

Fantasiebezeichnung „Drachen"

Der Mond am Tag
Tagsüber fällt der Mond am blauen Himmel kaum auf. Mit dem hellen Licht der Sonne kann er nicht konkurrieren.

Raumfahrt

Im Jahr 1957 brachten die Russen mit *Sputnik 1* den ersten künstlichen Satelliten in eine Umlaufbahn um die Erde. Damit begann das Zeitalter der Raumfahrt. Vier Jahre später war der Russe Jurij Gagarin der erste Mensch im Weltraum. Als Reaktion darauf kündigte der amerikanische Präsident Kennedy an, die USA würden bis zum Ende des Jahrzehnts auf dem Mond landen. Am 16. Juli 1969 transportierte die größte jemals gebaute Rakete das Raumschiff *Apollo 11* zum Mond. Der Astronaut Neil Armstrong setzte als erster Mensch seinen Fuß auf den Erdtrabanten. In den vergangenen drei Jahrzehnten hat unser Wissen vom Weltall, von den Sternen und Planeten ungeahnte Fortschritte gemacht. Raumsonden flogen an allen Planeten – mit Ausnahme des Pluto – sowie an vielen ihrer Monde vorbei. Auch auf dem Mars und der Venus landeten Raumsonden. Mehr als 15 Jahre umrundete die russische Raumstation *Mir* die Erde, bevor sie 2001 planmäßig in den Südpazifik stürzte. Seit 1998 arbeiten 15 Nationen an der Raumstation *ISS*, einem internationalem Forschungslabor in erdnaher Umlaufbahn.

Raumsonde
Die japanische Raumsonde *Tenma* hält Ausschau nach schwarzen Löchern und Supernovä.

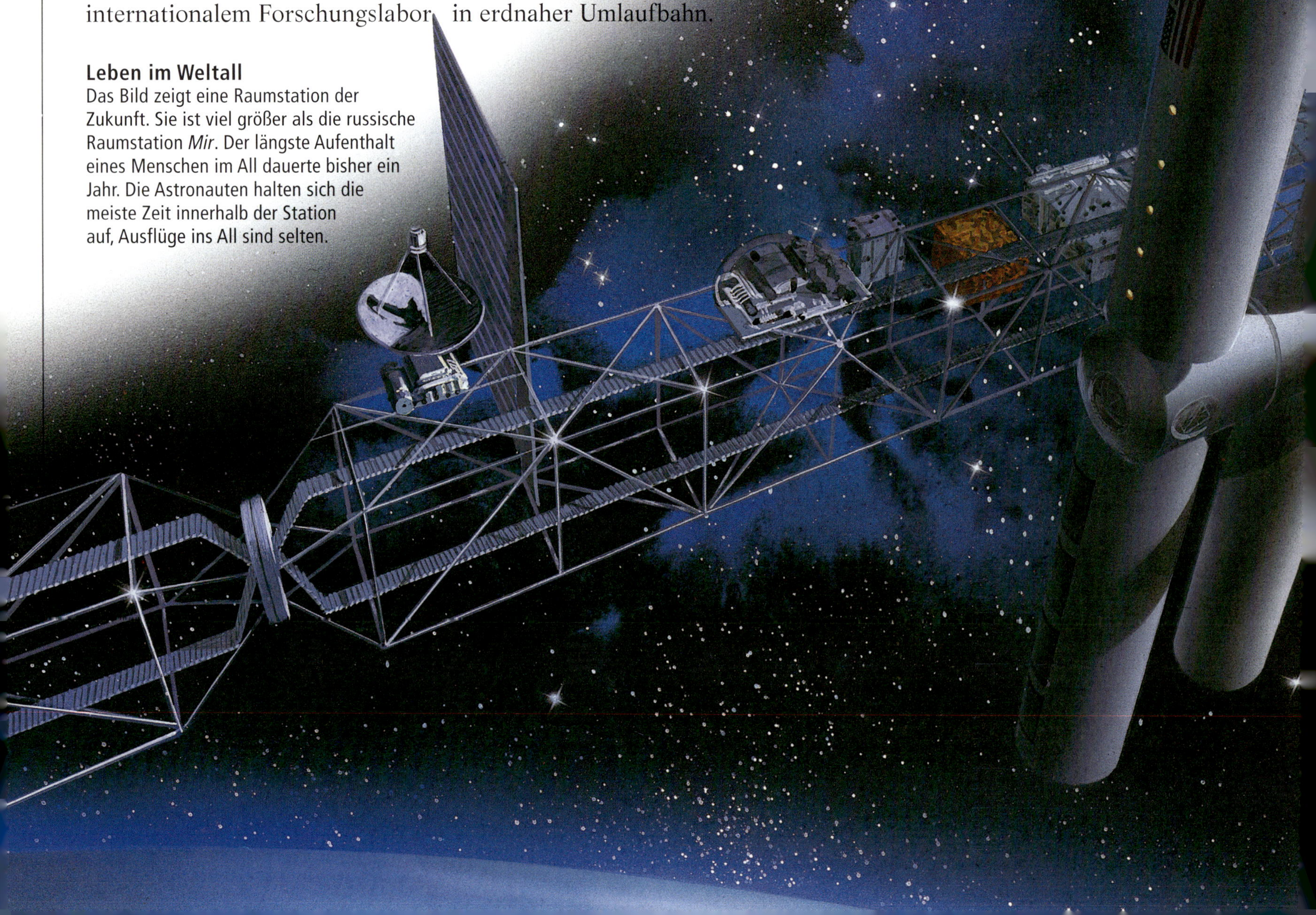

Leben im Weltall
Das Bild zeigt eine Raumstation der Zukunft. Sie ist viel größer als die russische Raumstation *Mir*. Der längste Aufenthalt eines Menschen im All dauerte bisher ein Jahr. Die Astronauten halten sich die meiste Zeit innerhalb der Station auf, Ausflüge ins All sind selten.

SCHON GEWUSST?

Die amerikanische Raumsonde *Magellan*, die 1989 gestartet wurde, umkreiste vier Jahre lang die Venus. Mit Radar zeichnete sie 98 Prozent der Venusoberfläche auf. Dabei wurden die Vulkane sichtbar und die merkwürdigen Kanäle, die wohl durch Lavaströme entstanden sind.

START IN DEN WELTRAUM

Spaceshuttles sind Raumfahrzeuge, die Satelliten und bis zu acht Mann Besatzung in eine Erdumlaufbahn bringen. Sie bestehen aus drei Teilen: dem Orbiter, dem Außentank und zwei Feststoffraketen, den Boostern. Nach technischen Problemen ist geplant, Spaceshuttles durch neue Raumgleiter zu ersetzen. Mit diesen *Crew Exploration Vehicles (CEV)* sollen ab 2012 oder früher Mond-Missionen geflogen werden.

Auf dem Mond
Wegen der geringen Schwerkraft verlangen selbst einfachste Aufgaben auf dem Mond sorgfältige Planung und Geduld. Dieser Astronaut sammelt Gesteinsproben ein.

Zum Weiterlesen 20–21

Fantasiewelten

Gibt es Leben auf anderen Planeten? Astronomen und Science-Fiction-Autoren haben sich mit dieser Frage beschäftigt. In Filmen wie „Star Trek“ treten bedrohliche und freundliche außerirdische Wesen als Hauptfiguren auf. Immer wieder berichten Menschen, sie hätten Ufos gesehen und seien sogar mit seltsamen Lebewesen aus dem Weltall zusammengetroffen. Sind das Tatsachen oder Hirngespinste? Viele Astronomen vertreten die Ansicht, auf anderen Planeten der Milchstraße könnten durchaus günstige Bedingungen für die Entstehung von Lebewesen herrschen. Lange Zeit glaubte man, der Mars käme dafür in Frage. Heute erscheint es unwahrscheinlich, dass es auf diesem Planeten Leben gibt. Das Weltall ist für uns immer noch ein weitgehend unbekannter Raum. Der Schriftsteller Jules Verne sah 1865 voraus, dass Menschen auf dem Mond landen würden. Vielleicht erweist sich ja auch die eine oder andere Vision von Science-Fiction-Autoren als richtig.

Stadt auf dem Mars
In einer erdachten Welt auf dem Mars setzt ein Raumschiff zum Landen an. Die Forschungsstation wurde hier in ein steiles Tal des Roten Planeten gebaut.

IST DA JEMAND?

In New South Wales in Australien horcht das Parker-Radioteleskop seit über 30 Jahren ins Weltall hinein. Seit 1995 nimmt es am *Projekt Phoenix* teil, bei dem weltweit nach außerirdischem Leben gefahndet wird. Man will dabei regelmäßige Signale aus der Umgebung der nächsten Sterne auffinden. Solche Signale müssten sich aber von zufälligen Hintergrundgeräuschen des Weltalls deutlich abheben. Ein Signal, bei dem eine gewisse Ordnung zu erkennen wäre, könnte vielleicht ein Hinweis auf fremde Intelligenz und Außerirdische sein.

Erdachte Welten
Die Umschläge dieser Science-Ficition-Magazine aus den 20er-Jahren zeigen merkwürdige Lebensformen auf dem Neptun (rechts) und der Venus (rechts außen).

SELTSAM, ABER WAHR

Um schnell von einem Sternsystem zum anderen zu gelangen, setzen die Hauptdarsteller in „Star Trek" ein Vielfaches der Lichtgeschwindigkeit ein. Nach heutigen Erkenntnissen gibt es keine höhere Geschwindigkeit als die des Lichts. Ein Mehrfaches davon wäre aber notwendig, um im Laufe eines Menschenlebens die nächsten Sterne zu erreichen.

Zahlen und Daten

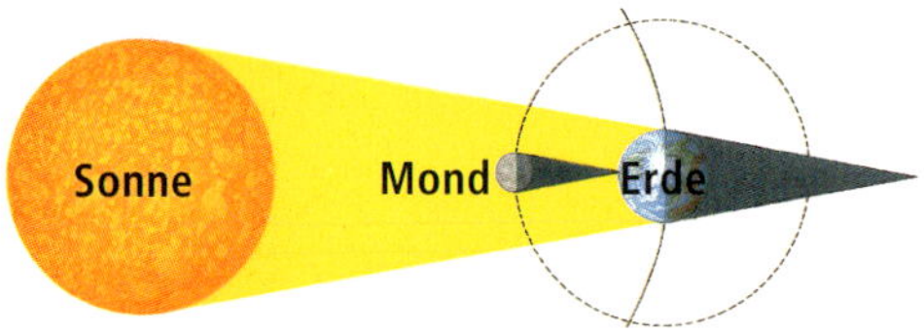

Sonnenfinsternisse

Bei partiellen Sonnenfinsternissen wird nur ein Teil der Sonne vom Mond verdeckt. Bei einer totalen Sonnenfinsternis ist die Sonnenscheibe nicht mehr zu sehen. Ringförmige Sonnenfinsternisse lassen noch einen Rest der Sonne erkennen.

Datum	Art	Bestes Beobachtungsgebiet
22. September 2006	ringförmig	Guyana, Surinam, Atlantischer Ozean, Indischer Ozean
19. März 2007	partiell	Asien, Gelbes Meer, Pazifischer Ozean, Indischer Ozean
11. September 2007	partiell	Peru, Brasilien, Bolivien, Paraguay, Chile, Argentinien
7. Februar 2008	ringförmig	Antarktis
1. August 2008	Total	Nordamerika, Europa, Asien
26. Januar 2009	Ringförmig	Südliches Afrika, Antarktis, Südostasien, Australien
22. Juli 2009	Total	Ostasien, Pazifik, Hawaii
15. Januar 2010	Ringförmig	Afrika, Asien
11. Juli 2010	Total	Südliches Südamerika
4. Januar 2011	Partiell	Europa, Afrika, Zentralasien
1. Juni 2011	Partiell	Island, nördliches Nordamerika, Ostasien
1. Juli 2011	Partiell	Südlicher Indischer Ozean
25. November 2011	Partiell	Südliches Afrika, Antarktis, Tasmanien, Neuseeland

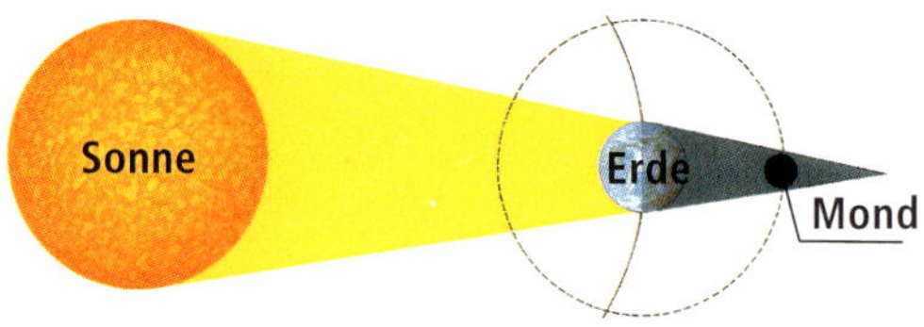

Mondfinsternisse

Auch beim Mond unterscheidet man zwischen partiellen und totalen Finsternissen, je nachdem, ob der Erdtrabant teilweise oder ganz in den Erdschatten eintaucht.

Datum	Art	Bestes Beobachtungsgebiet
14. März 2006	partiell	Amerika, Europa, Afrika, Asien
7. September 2006	partiell	Europa, Afrika, Asien, Australien
3. März 2007	total	Amerika, Europa, Afrika, Asien
21. Februar 2008	total	Mitteleuropa
16. August 2008	partiell	Mitteleuropa
31. Dezember 2009	partiell	Mitteleuropa

Meilensteine in der Erforschung des Weltalls

Seit Mitte der 50er-Jahre des vergangenen Jahrhunderts haben viele Raumfahrzeuge das Weltall erforscht. Satelliten, Raumsonden und Spaceshuttles haben unser Wissen vor allem über das Sonnensystem stark erweitert.

4. Oktober 1957 *Sputnik 1* (UdSSR) Start des ersten Satelliten	15. September 1959 *Luna 2* (UdSSR) Erste Sonde auf dem Mond	12. April 1961 *Wostok 1* (UdSSR) Jurij Gagarin als erster Mensch im Weltraum	14. Juli 1965 *Mariner 4* (USA) Vorbeiflug am Mars	1. März 1966 *Venera 3* (UdSSR) Landung auf der Venus	20. Juli 1969 *Apollo 11* (USA) Erste Mondlandung des Menschen	3. Dezember 1973 *Pioneer 10* (USA) Vorbeiflug am Jupiter

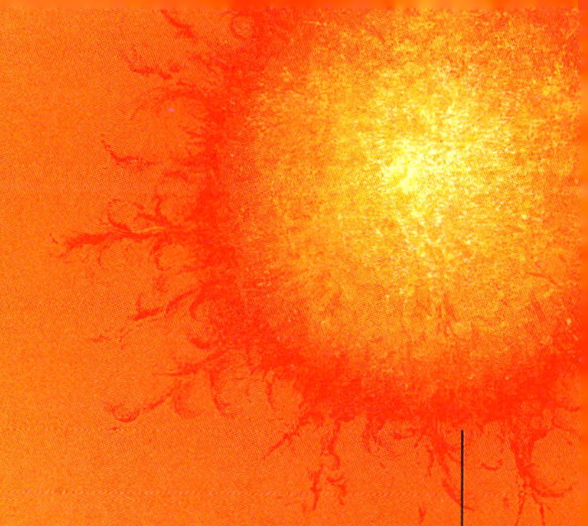

Die Planeten

Ein zahlenmäßiger Vergleich zwischen den Planeten unseres Sonnensystems zeigt, wie verschieden sie sind.

Planet	Mittlere Entfernung zur Sonne (Millionen km)	Masse (Erdmasse = 1)	Durchmesser (Erddurchmesser = 1)	Anzahl der Monde
1 Merkur	58	0,06	0,4	0
2 Venus	108	0,8	0,9	0
3 Erde	150	1,0	1,0	1
4 Mars	228	0,1	0,5	2
5 Jupiter	778	318	11,2	28
6 Saturn	1427	95	9,4	30
7 Uranus	2871	145	4,0	20
8 Neptun	4497	17	3,9	8
9 Pluto	5913	0,002	0,2	1
				(Stand 2001)

1

2

7

5

3

4

Meteorströme

Meteorströme entstehen durch Kometenstaub. Sie treten zu bestimmten Zeiten auf; die Daten variieren um höchstens einen Tag. Wie viele Lichterscheinungen durch Meteore man zu dieser Zeit sieht, hängt von der Zahl der Staubkörner ab, die in die Erdatmosphäre eintreten. Auch die Lichtverhältnisse (Mondlicht, künstliche Beleuchtung) spielen bei der Beobachtung eine Rolle.

6

8

9

Name des Meteorstroms	Zeitraum der Aktivität	Bemerkungen zu Dauer und Herkunft
Quadrantiden	3. Januar	dauert nur ein paar Stunden
Lyriden	22. April	vom Kometen Thatcher, teilweise sehr helle Meteore
Eta-Aquariden	5. Mai	vom Halleyschen Kometen
Delta-Aquariden	30. Juli	ein sehr auffälliger Strom
Perseiden	12. August	vom Kometen Swift-Tuttle
Orioniden	21.–22. Oktober	vom Halleyschen Kometen
Tauriden	4.–7. November	vom Kometen Encke
Leoniden	17. November	vom Kometen Tempel-Tuttle, am stärksten alle 33 Jahre
Geminiden	13. Dezember	zusammen mit den Perseiden die schönsten Meteorströme

20. Juli 1976 *Viking 1* (USA) Landung auf dem Mars, Suche nach Leben ergebnislos	1. September 1979 *Pioneer 11* (USA) Vorbeiflug am Saturn	6. März 1986 *Vega 1* (UdSSR) Aufnahmen vom Halleyschen Kometen	25. August 1989 *Voyager 2* (USA) Vorbeiflug am Neptun	4. Juli 1997 *Mars Pathfinder* (USA) Landung auf dem Mars	23. Oktober 2001 *Mars Odyssey* (USA) Raumsonde in fester Umlaufbahn um den Mars	4. Januar 2004 *Rover „Spirit“ (USA)* Marsmission, Bilder von Kratern werden zur Erde geschickt

Fachbegriffe

Milchstraße

Kalender aus dem 16. Jahrhundert

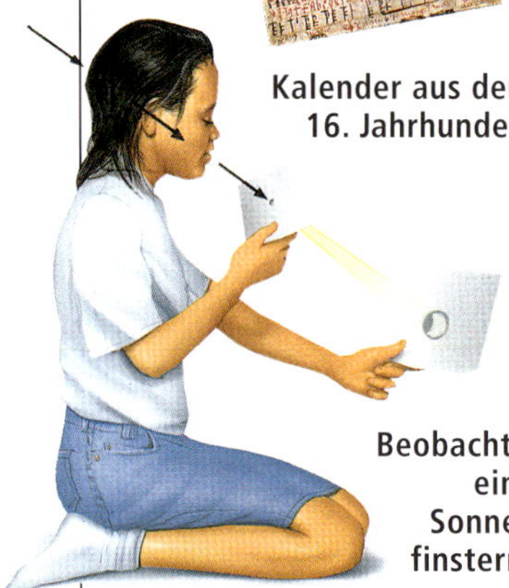

Beobachten einer Sonnenfinsternis

Nikolaus Kopernikus

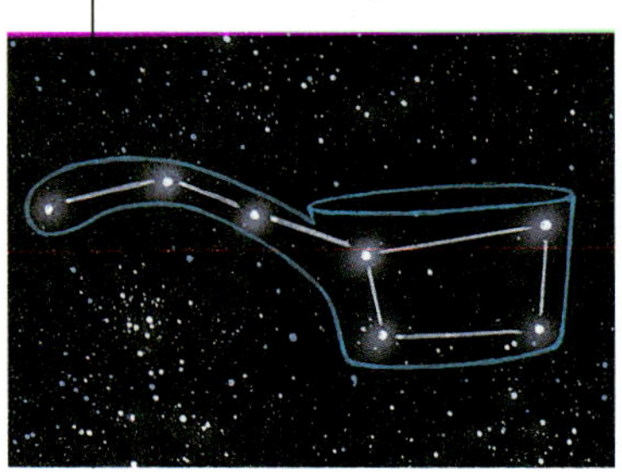

Der Große Wagen

Asteroid Planetenähnlicher, fester Gesteinskörper des Sonnensystems. Ein solcher Kleinplanet hat einen Durchmesser bis zu 6000 km. Die meisten Asteroiden kreisen um die Sonne zwischen den Bahnen von Mars und Jupiter. Dieses Gebiet heißt auch Asteroidengürtel.

Atmosphäre Gashülle eines Planeten. Die Atmosphäre der Erde besteht aus 78,08 % Stickstoff, 20,95 % Sauerstoff, 0,03 % Kohlendioxid, 0,93 % Argon sowie Spuren anderer Edelgase und Wasserdampf.

Big Crunch Wissenschaftliche Theorie, die besagt, dass die Ausdehnung des Weltalls sich irgendwann umkehren und das All wieder in sich zusammenstürzen wird.

Chromosphäre Eine dünne Atmosphärenschicht über der Sonne. Die Chromosphäre liegt zwischen der Fotosphäre und der Korona.

Cluster Galaxienhaufen, eine größere Zahl von Galaxien, die durch gegenseitige Schwerkraft zusammengehalten werden. Mehrere Cluster bilden einen Superhaufen.

Doppelstern Ein System aus zwei Sternen, die sich um den gemeinsamen Mittelpunkt ihrer Massen bewegen. Sie halten durch ihre Schwerkraft zusammen. Die Hälfte aller Sterne sind Doppel- oder Mehrfachsterne.

Ekliptik Projektion der Erdbahnebene auf die Himmelskugel. Von der Erde aus gesehen, halten sich die Planeten immer nahe der Ekliptik auf. Sie ist in zwölf Abschnitte unterteilt, die den Tierkreiszeichen entsprechen.

Flare Heftige Eruption auf der Sonne mit starkem Helligkeitsanstieg. Flares treten oft in der Nähe von Sonnenflecken auf.

Fotosphäre Die helle sichtbare Oberfläche der Sonne. Die Fotosphäre gibt fast die ganze Sonnenstrahlung ab. Die Temperatur an der Fotosphäre liegt bei 6000 °C.

Galaxie Ein rotierendes System von Sternen, Staub- und Gaswolken, die von der Schwerkraft zusammengehalten werden. Die Zahl der Sterne in einer Galaxie liegt zwischen einer Million bis über 100 Milliarden.

Gasplanet Planet, der nur aus großen Gasmengen besteht. In unserem Sonnensystem gibt es vier Gasplaneten: Jupiter, Saturn, Uranus und Neptun.

Interstellare Materie Material, das sich im Raum zwischen den Sternen befindet. Man kann sich die interstellare Materie als Staub und Gase vorstellen, die sich zu Wolken oder Nebeln anordnen.

Kernfusion Bei der Kernfusion verschmelzen zwei oder mehr Atomkerne zu einem schwereren Atomkern. Dabei wird viel Energie frei. Kernfusionen finden im Inneren aller Sterne, also auch der Sonne, statt. Dabei wird Wasserstoff in Helium umgewandelt.

Komet Ein eishaltiger Himmelskörper des Sonnensystems, der in stark elliptischer Bahn um die Sonne kreist. Wenn sich ein Komet der Sonne nähert, entwickelt er einen Schweif, der stets in entgegengesetzter Richtung zur Sonne liegt. Der berühmteste Komet ist der Halleysche Komet.

Konvektionszone Bereich im Inneren aller Sterne und Planeten. Der Energietransport erfolgt hier vor allem durch Strömung. Die Strömung wird meist durch ein starkes Temperaturgefälle hervorgerufen. Dabei steigen große Mengen heißer Gase nach oben und führen die Energie mit sich.

Korona Der äußere Teil der Sonnenatmosphäre, der nur bei einer vollständigen Sonnenfinsternis als leuchtender Hof deutlich wird.

Lichtjahr Astronomisches Längenmaß, die Entfernung, die das Licht oder andere elektromagnetische Strahlung in einem Jahr zurücklegt. Ein Lichtjahr entspricht rund 9,5 Billionen = $9{,}5 \times 10^{12}$ km.

Masse Die Menge an Materie, die ein Körper enthält. Alle Massen üben eine Schwerkraft aus und werden von anderen Schwerkräften angezogen.

Meteor Lichterscheinung am Himmel, zum Beispiel eine Sternschnuppe oder eine Feuerkugel. Meteore entstehen durch winzige Meteoriten, die in der Erdatmosphäre verglühen. Ihre durchschnittliche Masse beträgt nur 0,01 Gramm.

Meteorit Ein Gesteinsbruchstück außerirdischen Ursprungs, das vom Weltall auf die Erde gelangt. Man unterscheidet mehrere Arten von Meteoriten. Die auffälligsten unter ihnen bestehen zum überwiegenden Teil aus Eisen und Nickel.

Meteorstrom Häufung von Meteoren zu bestimmten Zeiten. Meteorströme werden durch Kometenstaub ausgelöst. Wenn die Erde auf ihrem Weg um die Sonne einen solchen Staubstrom durchquert, sind besonders viele Sternschnuppen zu beobachten.

Mitternachtssonne Im Sommer geht die Sonne nördliche des Polarkreises nicht unter. Diese Erscheinung bezeichnen wir als Mitternachtssonne.

Mond Begleiter von Planeten. Man bezeichnet Monde auch als Trabanten oder Satelliten.

Nebel Bezeichnung für eine Ansammlung mehr oder minder heller Objekte aus Staub und Gasen am Himmel. Man spricht von Nebeln oder Wolken.

Neutronenstern Rest eines Sterns, der als Supernova explodiert ist. Neutronensterne sind ungeheuer verdichtet und im typischen Fall ungefähr 20 km im Durchmesser. Sich drehende Neutronensterne heißen Pulsare.

Nova Ein Stern, der seine Helligkeit plötzlich enorm erhöht und dann im Lauf von Monaten wieder seine ursprüngliche Lichtstärke annimmt. Eine Nova (Mehrzahl: Novä) tritt stets in Doppelsternsystemen auf. Die Helligkeit kann immer wieder ansteigen.

Orbit Umlaufbahn eines Satelliten oder einer Raumsonde um einen Himmelskörper.

Polarlicht Auffallende Lichterscheinungen in den Polargebieten. Polarlichter (Nordlichter, Südlichter) entstehen, wenn Teilchen des Sonnenwindes vom Magnetfeld der Erde angezogen werden. Sie kollidieren mit den Atomen und Molekülen der oberen Erdatmosphäre und regen diese zum Glühen an.

Protuberanz Eine heiße, gasförmige Wolke oberhalb der Fotosphäre der Sonne. Protuberanzen treten besonders häufig über Sonnenflecken auf.

Pulsar Ein sich drehender Neutronenstern. Pulsare geben aus ihren Polgebieten gebündelte elektromagnetische Strahlung ab. Diese Strahlungskegel treffen auf die Erde. Viele Pulsare drehen sich bis zu 1000-mal in der Sekunde um die eigene Achse. Dementsprechend oft wird die Erde von ihren Strahlungskegeln getroffen.

Quasar Sternförmiges Objekt mit starker Radiostrahlung. Es gibt tausende von Quasaren, die sich alle in extrem weiter Entfernung befinden. Wahrscheinlich handelt es sich um neue Galaxien.

Roter Riese Ein Riesenstern, in dessen Kern Heliumatome verschmelzen. Die rote Farbe lässt auf eine verhältnismäßig geringe Oberflächentemperatur schließen.

Schwarzes Loch Die Überreste vom Kern eines Sterns, vor allem einer Supernova. In einem schwarzen Loch ist die Materie so ungeheuer verdichtet, dass sie kein Licht und keine andere Strahlung mehr entkommen lässt. Deswegen kann man schwarze Löcher nicht sehen.

Schwerkraft Die Schwerkraft wird zwischen zwei oder mehr Körpern wirksam, die eine Masse besitzen. Sie äußert sich durch gegenseitige Anziehung.

Sonnenflecken Zeitweilig kühlere Gebiete an der Oberfläche (Fotosphäre) der Sonne. Sonnenflecken entstehen wahrscheinlich durch Magnetfelder. Sie treten alle elf Jahre vermehrt auf.

Sonnenwind Stetiger Strom von Elementarteilchen, der die Sonne verlässt und in den Weltraum gelangt.

Sternbild Eine willkürliche Gruppierung von Sternen, die meist nichts miteinander gemeinsam haben. Die einzelnen Sterne eines Sternbilds sind oft sehr weit voneinander entfernt. Die Astronomen verwenden heute noch 88 Sternbilder, um sich am Himmel zurechtzufinden.

Superhaufen Ein Superhaufen besteht aus zahlreichen Galaxienhaufen oder Clustern. Man kennt bis heute ungefähr 50 Superhaufen.

Supernova Eine ungeheure Explosion, die einen Stern zum Bersten bringt. Nach dem Ausbruch einer Supernova bleiben ein Neutronenstern und ein schwarzes Loch übrig.

Urknall Das Ereignis, bei dem das Weltall vor rund 15 Milliarden Jahren entstand. In jenem Augenblick – auch Big Bang genannt – wurde alles geschaffen, was es heute im Weltall gibt.

Weißer Zwerg Überrest eines Sterns nach der Kernfusion. Weiße Zwerge erzeugen keine Energie mehr im Inneren, sondern strahlen nur noch ihre Restenergie ab.

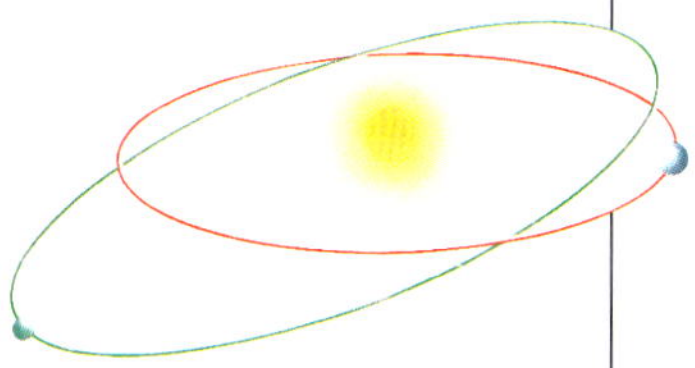
Umlaufbahn des Pluto

Newtons Teleskop

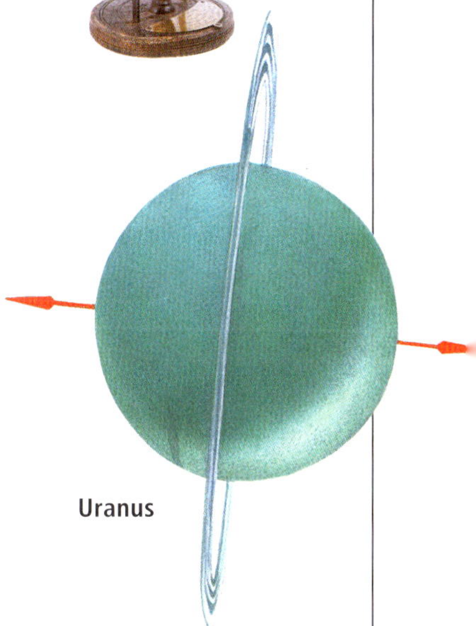
Uranus

Marsmobil

Halbmond am Tage

Register

Bildnachweis

(l=links, M=Mitte, o=oben, r=rechts, u=unten, B=Bildsymbol, R=Rückseite, U=Umschlag, V=Vorderseite, BR=Buchrücken)
Ad-Libitum 8l (S. Bowey). **Anglo-Australian Telescope Observatory** 43ur, 43Mr (D. Malin), 47r. **Archiv für Kunst und Geschichte, Berlin** 6or (Louvre), 3, 8ur, 9Ml. **AT & T Archives** 11ur. **Austral International** 20ul (Camera Press), 33or (Fotos International), 5ur, 53Mr (FPG), 22Ml, 25or (Rex Features), 14M (Rex Features/NASA), 11ol (Sipa Press/F. Zullo). **Australian Picture Library** 37ur (J. Blair), 4ul, 51ul, 59Mro (E.T. Archive/Royal Society, 17ul (Orion Press), 53ur (UPPA), 6ul (West Stock), 42ul. **Abe Elshaikh** 51ur, 59ur. **Leo Enright** 39or. **Akira Fujii** 17ur, 20o.**Giraudon** 30M (Lauros). **The Granger Collection** 6ol, 7oM, 7ol, 7or, 9ur, 23ur, 29uM, 29ur, 31uM, 34or, 35M, 55oM, 55or, 58Mlu, 58Mlo. **Franz X. Kohlhauf** 20/21. **David Levy** 38or (Sky Publishing Corporation), 33ur. **David Miller** 50l. **Mt Stromlo and Siding Spring Observatories** A.N.U., 49ul. **Newell Colour** 22ul, 59Mru. **The Photo Library, Sydney** 19ur (B. Belknap), 18u (A. Husmo), 37ul (R. Smith), 23ol, 35uM, 46ur (SPL), 14ul (SPL/J. Baum), 44ul, 45ur (SPL/C. Butler), 15ur (SPL/J. Finch), 35ur (SPL/G. Garradd), 46/47o (SPL/T. Hallas), 35ol, 54ul (SPL/D. Hardy), 57Ml (SPL/D. Milon), 17or, 24ol, 27Mr, 30ul, 37Mr (SPL/NASA), 40/41M (SPL/G. Post), 14or, 40Ml (SPL/R. Royer), 50uM (SPL/J. Samford). **Planet Earth Pictures** 20M, 20Ml (R. Chesher). **Stock Photos** 20Mr (J.P. Endress), 14ur (Phototake). **Tom Stack & Associates** 25Mr (NASA), 28uM, 28ul (NASA/JPL); 25oM (USGS).

Grafik

Gregory Bridges 52or, 52/53M, 54/55M, 56ur. **Lynette R. Cook** 5or, 8/9o, 10or, 11u, 10/11M, 12/13M, 34/35M, 57M, 57Mr. **Christer Eriksson** 16/17M, 22/23M. **Robert Hynes** 28/29M, 42/43, 59Mr. **Mr. Mike Lamble** 41or, 43or, 47uM, 48Ml, 49ur, 48/49o, 56ol, 56Ml, 58ol. **James McKinnon** 38ul, 38/39M. **Peter Mennim** 1, 26/27M. **M. Darren Pattenden/Garden Studio** 32or, 32/33M, 33Mr, 41ul, 58Ml, 59or. **Oliver Rennert** 2, 4MB, 12B, 14B, 16B, 17B, 18Ml, 18Mr, 18/19M, 18B, 20B, 22B, 24M, 26B, 28B, 29B, 30B, 32B, 36B, 37B, 38B, 40B, 41B, 43B, 53B. **Trevor Ruth** 24/25M, 30/31M, 31or, 50/51M, 58ul. **Ray Sim** 20oMr, 21or. **Kevin Stead** 4ol, 36/37M, 37M, 57ur. **Steve Trevaskis** 6/7M, 44/45M, 44Ml, 57or. **Rod Westblade** 4oB, 5B, 6B, 8B, 9B, 10B, 11B, 34B, 42B, 44B, 45B, 46B, 47B, 48B, 49B, 50B, 52B, 54B. **Simon Williams/Garden Studio** 4/5M, 14/15M.

Umschlag

Peter Mennim, VUM, VUor. **Newell Colour**, VUOMr. **Akira Fujii**, VUoMl. **Gregory Bridges**, VUol, RUol. **Austral International**, (FPG), RUur. **Australian Picture Library (Orion Press)**, RUor. **Lynette R. Cook**, BR.